吉林省教育科学"十三五"规划智库研究专项课题【ZK1814】

吉林省特色农业产业经济研究中心资助

特色农业
应用型人才培养
与助力乡村振兴战略研究

马丽娟　高万里　著

陕西新华出版传媒集团

陕西科学技术出版社

Shaanxi Science and Technology Press

————西安————

图书在版编目（CIP）数据

特色农业应用型人才培养与助力乡村振兴战略研究／
马丽娟，高万里著. — 西安：陕西科学技术出版社，
2021.5（2021.10重印）
ISBN 978 - 7 - 5369 - 8059 - 4

Ⅰ．①特…　Ⅱ．①马…②高…　Ⅲ．①农业院校 - 人
才培养 - 研究 - 吉林②农村 - 社会主义建设 - 研究 - 吉林
Ⅳ．①S - 40②F327.34

中国版本图书馆 CIP 数据核字（2021）第 071643 号

TESE NONGYE YINGYONGXING RENCAI PEIYANG YU
ZHULI XIANGCUN ZHENXING ZHANLUE YANJIU

特色农业应用型人才培养与助力乡村振兴战略研究

马丽娟　高万里　著

责任编辑　高　曼　刘亚梅
封面设计　曾　珂

出 版 者　陕西新华出版传媒集团　　陕西科学技术出版社
　　　　　西安市曲江新区登高路 1388 号 陕西新华出版传媒产业大厦 B 座
　　　　　电话 (029)81205187　传真 (029) 81205155　邮编 710061
　　　　　http://www.snstp.com
发 行 者　陕西新华出版传媒集团　　陕西科学技术出版社
　　　　　电话(029)81205180　81206809
印　　刷　西安五星印刷有限公司
规　　格　710mm×1000mm　　16 开
印　　张　7.25
字　　数　110 千字
版　　次　2021 年 5 月第 1 版
　　　　　2021 年 10 月第 2 次印刷
书　　号　ISBN 978 - 7 - 5369 - 8059 - 4
定　　价　39.80 元

马丽娟

二级教授、博士，国家级特色专业"野生动物及保护区管理"、吉林省重点学科"特种经济动物饲养"、吉林省省级优秀教学团队"经济动物专业课程教学团队"带头人，吉林省教学名师，吉林市"三八"红旗手。2011年获全国成人教育优秀奖，2017年获吉林省黄炎培职业教育理论研究奖。

高万里

副教授、硕士，吉林省特色农业产业经济研究中心主任，吉林12315、12316专家，吉林省2018—2020省级精品在线课程《西方经济学》主持人。曾先后发表专业论文10余篇，参与吉林省农特产品加工发展的现状及问题调研、图们市"十三五"扶贫规划、吉林市现代农业科技示范园区规划建设等多项科研项目。

前言
preface

特色农业是农业的重要组成部分,是农业增产增效的重要经营方式,发展特色农业是农业现代化的实现途径之一。狭义特色农业的概念主要指特色种养业,或指特定区域内独特的农业资源,突出的是"特"字。广义特色农业的概念更注重产业链和价值链的延伸,突出的是"名"和"优"字。

当前,我国正处在转变农业生产方式、调整农业产业结构、发展现代农业、推进农业现代化和实施乡村振兴战略的关键时期。2017年中央在一号文件中就提出实施优势特色农业提质增效行动计划,把地方土特产和小品种做成带动农民增收的大产业,建设一批地理标志农产品和原产地保护基地。2019年中央一号文件又进一步强调加快发展乡村特色产业,倡导"一村一品""一县一业",支持建设一批特色农产品优势区,健全特色农产品质量标准体系,强化农产品地理标志和商标保护等措施。特色农业迎来发展机遇期。

党的十九大报告强调必须始终作为全党重中之重的工作是关系国计民生的根本性的农业农村农民问题。解决这"三农"问题,需要培养组建一个懂农业、爱农村、爱农民的"三农"工作队伍,同时构建现代农业产业体系,促进农村一二三产融合发展。发展特色农业对促进农业经济转型升级,培育经济发展新动能具有重要意义。因此,培养特色农业应用型人才,对提高劳动者素质、构建现代农业产业体系、促进乡村振兴战略实施具有重要意义。

但目前,特色农业发展和乡村振兴面临着科技人才短缺、科研成果转化与利用率较低、科学技术对特色农业增长的贡献率较低、农村经济结构和产业结构不合理,农特产品存在质量与安全问题、农特产品国际市场竞争力低、农业和农民收入低等亟待解决的问题,这也为特色农业应用型人才培养提出了新要求。现代农业三大体系建设和乡村振兴战略为高等农业教育应用型人才培养提供了较好的教学、科研和服务平台以及良好的外部环境,高等农业院校应发挥人才和科技优势,抢抓机遇,为特色农业发展和乡村振兴作出应有贡献。鉴于此,吉林农业科技学院于2016年承担了吉林省教育厅"吉林省特色农业研究基地"建设项目。方向之一是特色农业应用型人才培养的研究与实践。2018年又承担了吉林省教育科学"十三五"规划智库研究专项课题"新建农业本科院校服务乡村振兴战略的对策研究"和中国农学会教育教学类科研课题"新建农业本科院校服务农村一二三产业融合发展的对策研究"。经过几年的研究与实践,取得阶段性研究成果。

本文从宏观和微观两个层面系统分析了国内外特色农业应用型人才培养及服务农业、农村、农民的现状、存在的问题,并通过吉林农业科技学院多年来应用型人才培养和社会服务的实践,提出了高等农业院校特色农业应用型人才培养的基本途径、方法和高等农业学校服务乡村振兴的对策,以期达到以下目的:一是解决高等农业教育人才培养的针对性和实用性问题;二是探索了新建农业本科服务农业、农村、农民的有效途径和方法问题;三是构建了一种以高等农业院校为核心的"人才培养和农民培训、科技研发和推广、技术和信息服务"的"三位一体"的社会服务模式,从而为政府和各级行政部门制定教育改革与发展政策、农村改革与发展政策提供理论依据和经验借鉴,为高等农业院校内部深化教育教学改革,提高办学质量和办学效益提供理论依据和实践经验。

本书在编写过程中吸收了诸多前贤的研究成果,在此深表谢忱。本书的出版得到课题组成员和参与研究的地方政府的大力支持,在此一并表示衷心的感谢!由于作者水平有限,书中疏漏之处在所难免,敬请学界同仁和广大读者批评指正。

马丽娟

2021 年 1 月

目录
contents

第一章　导论

1　特色农业应用型人才培养的目的意义

1.1　是解决农村人才短缺问题和提高农民素质的必然要求

马克思主义认为,在生产力诸要素中,劳动力是最基本、最活跃的因素。农业现代化建设和乡村振兴战略的实施离不开农业科技人才和高素质的劳动者。李小静认为当前,我国农村人力资源状况堪忧。第一,数量庞大,到 2016 年年底, 在农村常住的人口达到 6.4 亿, 而其中包括农业从业人员就约 3 亿左右;第二,农村劳动力中青壮年严重不足,农村劳动力 50 岁以下的人数平均不足10% ,老龄化程度较严重,平均超过 30% ;第三,农村留守人员中以老人、妇女为主, 他们受教育程度低,对知识技术掌握能力差,因此,难以满足乡村振兴的人力资本支持。而发达国家则不同,如法国 7% 以上、德国 6.7% 以上、日本 5% 以上的农民具有大学文化。美国绝大部分农民是州立农学院毕业生。现代农业与传统农业不同,现代农业要求农民应该具有竞争意识,因此需要熟悉市场经济发展规律,掌握先进的农业生产技术,具备基本的管理能力,这样的农民才能在激烈的外市场竞争中处于不败之地。马克思曾强调"要使农村劳动力成为专门的劳动力,就要经过一定的教育或训练,使他获得一定劳动部门的技能和技巧。"教育可以把可能的劳动力转化为现实的劳动力,是劳动力再生产的重要手段。

高等农业院校师资力量雄厚,在农业科技人才培养和农民培训方面有一定的比较优势,通过农业职业教育和培训,可全面提高新型农民的职业素质,为乡村振兴提供人才保证。因此,特色农业应用型人才培养是解决农村人才短缺问题和提高农民素质的必然要求。

1.2　是提高农业科技进步贡献率的必然要求

传统农业生产主要依赖农业资源和劳动力的耗费,农药、化肥的使用,造成严重的药物残留,对环境也造成一定污染,给人类生产生活带来一定的危害。因此,需要农业科技人员深入农业生产一线开展科学研究,推广科技成果才能提升农业生产水平和农产品质量。但长期以来由于受体制、机制等因素的影响,我国农业科研成果转化较慢,科技进步对农业生产的贡献率较低。其主要原因是我国的农业科研与推广存在严重脱节现象,这种科技推广体制难以适应农村经济发展的需要。

高等农业院校是农业科技成果产出的孵化器,是农业科技创新的辐射源和桥头堡,美国各大学的科研人员占全国的60%以上,日本有40%以上的高级研究人员集中在大学。目前,我国农业院校中各级重点学科、重点实验室和工程(技术)研究中心等教学科研平台,已成为农业科技研究开发的主要阵地,大批服务"三农"的人才和团队聚集在这些科研平台,已经形成了农业高校独特的人才和科技优势。据统计,我国每年有近80%以上的农林业科研成果出自各高等农业院校。如果在农业生产过程中把这些科研成果及时推广其中,一定能为我国乡村振兴战略的实施和特色农业的发展提供较好的技术支持。因此,特色农业应用型人才培养是提高农业科技进步贡献率的必然要求。

1.3　是乡村文化建设的必然要求

乡村振兴,乡风文明是保障。加强乡村文化建设,是满足农民群众精神文化需求的重要举措。高等院校是文化传承和创新的基地,担负着孕育和传播先进文化的重任。农业高校是乡村先进文化的辐射源,可以通过在农村开展文化科技活动,对农民进行社会主义核心价值观教育,引导农民崇尚科学、破除迷信,养成科学文明健康的生活方式,提升精神风貌,培育良好家风、淳朴民风、文明乡风,提高乡村的文明程度。因此,特色农业应用型人才培养是农村文化建设的必然要求。

2　研究的主要内容

本项研究以"乡村振兴战略背景下的特色农业应用型人才培养"为研究对象,主要研究目前特色农业应用型人才培养普遍遇到的共性问题,目的是针对乡村振兴战略背景下的特色农业应用型人才培养的不足给出完善性建议。研究主要包括六方面内容,分别为"导论""理论研究""实践研究""搭建农业科技服务平台""搭建新型农民培训平台"及"搭建农业信息服务平台",具体内容如下:第一部分导论,研究的目的意义、主要内容及研究方法;第二部分理论研究,从农业、现代农业、特色农业的概念、基本理论、原则出发,阐述特色农业应用型人才培养的历史和现状,分析国内特色农业应用型人才培养存在的问题,提出高等农业教育助力乡村振兴服务体系建设的基本思路;第三部分实践研究,根据现代农业发展需要确定办学定位和人才培养目标,调整专业结构,建设双师素质教师队伍,为应用型人才培养提供智力、条件等保障;第四、第五、第六部分,是在实证分析的基础上,提出要搭建农业科技服务平台、搭建新型农民培训平台、搭建农业信息服务平台等助力乡村振兴战略实施的对策建议。

3　研究方法

本项目的研究方法主要有文献分析法、比较分析法和问卷调查法。

(1)文献分析法

一般而言,文献分析法是基于一定的研究目的与课题,搜集、辨别、整理文献,经由对文献的研究,从而对事实形成科学认识的方法。本研究主要利用CNKI、万方数据库、Springer、EBSCO、Proquest 等中外文学术数据库,以及教育部网站、高校官方网站等,搜集了大量关于高校创业教育的期刊、学位论文、专题报道以及政策性文献。另外,笔者亦在图书馆查阅了相关专业书籍。通过对有关乡村振兴战略背景下的特色农业应用型人才培养的文献进行深入的阅读与分析,明确了相关概念,了解研究现状,进而总结已有研究的成果与不足,选择自身的研究视角,并确定研究的思路与方法。

（2）问卷调查法

问卷调查是以书面提出问题的方式搜集资料的一种研究方法。为了解乡村振兴战略背景下的特色农业应用型人才培养的现状及其问题,笔者采取了问卷调查的方法。通过设计调查问卷,对三所农业高校的本科生发放与回收调查问卷并加以分析,以期对农业应用型人才培养有更加清晰的认识。

（3）比较分析法

通过比较分析法,深入研究所掌握的资料,对国内外研究现状进行分析、比较、综合,提出对乡村振兴战略背景下的特色农业应用型人才培养的对策建议。

第二章　特色农业应用型人才培养的理论研究

1　基本概念及类型

1.1　农业、现代农业、特色农业

农业是通过培育动植物生产食品及工业原料的产业。农业属于第一产业，研究农业的科学是农学。农业是人类社会赖以生存的基本生产和生活资料的来源，是社会分工和国民经济发展的基础。国民经济其他部门发展的程度，受到农业生产力发展水平和农业劳动生产率高低的制约。马克思说过："农业劳动是其他一切劳动得以存在和发展的自然基础和前提。"这是一条基本的经济法则。由于各国的国情不同，农业包括的范围也不同。狭义的农业仅指种植业或农作物栽培业；广义的农业包括种植业、养殖业、林业、渔业，农特产品储藏、加工、运输、销售及售后服务等多种产业。农业生产具有再生性、可循环、有规律和易受自然条件制约等特点，也具有明显的季节性和地域性、生产周期长、资金周转慢、产品鲜活不便运输和储藏、单位产品的价值较低等特点。

根据生产力的性质和状况，农业可分为传统农业和现代农业，传统农业包括原始农业、古代农业和近代农业。

传统农业：传统农业以规模小、商品率低、科技含量少的小生产为特征；传统农业主要依赖资源的投入。

现代农业：现代农业是有别于传统农业的一种农业形态，是利用现代科学技术、现代工业手段和科学管理方法进行科学化、规模化、产业化、社会化生产

的产业,它不仅包括传统农业的种植业、林业、养殖业和水产业等,还包括产前的农业机械、农药、化肥、水利,产后的加工、储藏、运输、营销以及进出口贸易等,成为一个与发展农业相关、为发展农业服务的产业链。现代农业主要由资源依赖型不断转化为技术依赖型,信息技术、生物技术、新型耕作技术、节水灌溉技术及现代装备技术等农业高新技术的应用,不仅提高了农业资源的利用率和农业的可持续发展能力,也极大地增强了土地产出率、劳动生产率和农产品商品率。

党的十八大以来,党和国家持续加大强农惠农富农政策力度,扎实推进农业现代化,深化农村改革,加快现代农业产业体系、生产体系、经营体系建设,实施乡村振兴战略,农业农村得到全面发展,取得了一系列历史性成就,为全面建成小康社会奠定了坚实基础。

《中共中央国务院关于实施乡村振兴战略的意见》为乡村振兴勾勒出宏伟蓝图,制定了时间表和路线图,以振兴产业为重点,以农业供给侧结构性改革为主线,坚持质量兴农、绿色兴农,通过构建现代农业产业体系、生产体系、经营体系,进一步提高农业创新力、竞争力和全要素生产率,实现由农业大国向农业强国转变。

现代农业产业体系、生产体系、经营体系建设是发展现代农业、实现农业农村现代化的"三大支柱",是促进农村一二三产融合发展的重要载体,是衡量现代农业产业布局和产品竞争力的重要标志。现代农业产业体系包括种养加等主导产业及其与产前、产中、产后相关的产业,依据区域优势不同产业结构布局各有侧重。重点考虑农业资源的市场配置、农产品的有效供给、小农户和现代农业发展的有机衔接等问题。构建现代农业产业体系,要以市场需求为导向,坚持粮经饲统筹、种养加一体、农牧渔结合的发展思路,发挥区域资源的比较优势,调整优化产业结构,提高农业资源的配置效率,促进一二三产融合发展,推动农业产业链横向拓展和纵向延伸。现代农业生产体系是先进科学技术与生产过程的有机结合,是衡量农业生产各环节机械化、信息化、良种化、标准化实现程度和农业生产力发展水平的主要标志,重点解决的是技术和效率问题。构建现代农业生产体系,转变农业要素投入方式,用信息技术、生物技术和现代装备制造技术改造传统农业生产方式,提高农业信息化、良种化、机械化、标准化程度,提高农产品质量,增强农业竞争力。现代农业经营体系包括家庭经营、集体经营、合作经营、企业经营等多种经营形式,是衡量现代农业组织化程度、社会化程度、职业化程度和市场化程度的重要标志,重点解决的是生产力和生产关系有效搭配、市场竞争力强弱的问题。构建现代农业经营体系,就是要发展多种形式适度规模经营,深化农村土地制度改革,促进农民职业化发展,提高农业经营集约化、组织化、规模化、社会化水平。现代农业三大体系相辅相成,对农业产业体系起重要支撑和保障作用。

特色农业:特色农业是现代农业的一种表现形式,是将一定区域内特有的农业资源开发成名优特产品的现代农业,以市场需求为导向,以追求较大经济效益、较优生态效益、较佳社会效益和较强市场竞争力为目的,高效配置各种生产要素,突出地域特色,产业规模适度、效益良好,产品具有较强市场竞争力,一般包括特色种、养、加等产业及特色服务业。特色农业具有六个基本要素:市场需求、特色资源、特色产业、生产技术、产品质量和生态环境。《中共中央国务院关于实施乡村振兴战略的意见》从推进农业绿色化、优质化、特色化、品牌化,到调整优化农业生产力布局,推动农业由增产导向转向提质导向,对发展特色农业作出明确要求。从推进特色农产品优势区创建,推行标准化生产,到培育农产品品牌,保护地理标志农产品都进行了精心规划,是发展特色农业的指导性文件。

1.2　人才、人才类型

人才:是指具有一定的专业知识或专门技能,能够进行创造性劳动,并对社会作出一定贡献的人,是人力资源中能力和素质较高的劳动者,是经济社会发展的第一资源。习近平总书记亦曾强调:"办好中国的事情,关键在党,关键在人,关键在人才,实现中华民族伟大复兴,人才越多越好,本事越大越好,人才越来越成为推动经济社会发展的战略性资源,人才资源优势是激烈的国际竞争中的重要潜在力量和后发优势。"

人才类型:国际上通常将人才分为学术型人才、工程型人才、技术型人才、技能型人才四种类型。

学术型人才主要是研究和发现客观规律,工程型人才主要将客观规律转化为相关的设计、规划和决策,技术型人才和技能型人才则将设计、规划和决策变成物质形态。技术型人才与技能型人才的区别主要在于前者以应用理论产生的技术为主,而后者则依赖经验产生的技术。四种人才因社会职能和社会功能不同,因而人才规格也不同。学术型人才要求基础理论深厚,学术修养和研究能力较强,工程型人才要求理论基础较好,解决实际工程问题的能力较强;技术型人才要求有一定的基础理论,但更强调理论在实践中的应用;技能型人才要求掌握必要的专业知识,但必须掌握熟练的操作技能。社会四类人才需要通常呈金字塔分布,学术型人才需求量最少,工程型人才次之,技术型人才与技能型人才最多。

1.3 人才培养类型

人才培养类型是指培养人才的教育类型。教育的根本任务和主要功能是为经济、社会发展培养人才。由于社会分工不同,对人才规格的要求也不同。因此,人才培养类型也不同,除全日制学历教育外,还包括成人教育、函授教育和自学成才等。高层次人才培养一般通过高等教育来实现。《教育大辞典》将高等教育定义为:中等教育以上的各级各类教育的总称,其含义随历史发展而发展。联合国教科文组织认为:高等教育是由大学、文理学院、理工学院、师范学院等机构实施的所有各种类型(学术性、专业性、技术性、艺术性、师范性等)的教育。1997 年颁布的《国际教育标准分类法》将教育分为七个等级,以教育是以学术目的为主,还是以职业目的为主分 A、B、C 三类。

改革开放以来,我国高等教育事业得到长足发展,初步形成了适应国民经济建设和社会发展需要的多层次、多形式、学科门类齐全的中国特色高等教育体系,为社会主义现代化建设培养了各级各类专门人才,在国家经济建设、社会发展和科技进步中发挥了重要作用。2014 年,教育部组织部分专家针对当时我国高等教育存在的人才培养与经济建设存在供需结构性矛盾问题开展调研,提出部分地方本科院校向应用型转变的建议。2015 年教育部、财政部和人力资源社会保障部针对调研结果联合下发了"关于引导地方本科院校向应用型转型的指导意见",从此一大批本科高校开展了积极探索与实践,取得了一定的成效,有力地推动了高等教育整体改革,促进了地方高校办学与地方经济的紧密结合,提高了地方本科院校服务经济社会发展的能力。2018 年 9 月习近平总书记在全国教育大会上的讲话中强调要提升教育服务经济社会发展能力,着重培养创新型、复合型、应用型人才。

高等农业教育是整个教育系统的一个组成部分,是以培养农业人才为主的一种教育形式,有广义和狭义之分,广义的泛指所有传播农业科技知识、培养农业科技人才的教育活动,而狭义的则是指高等农业院校开展的各种层次各种形式学历教育,包括函授教育、自学考试教育及远程教育。在我国还有少数农民高等教育,其宗旨是为农村培养农、工、商等方面具有大专以上学历水平的技术骨干和管理干部,招收具有高中毕业文化程度的农村基层干部、农业技术员和有一定生产经验的青年农民以及农业系统在职职工。

2　基本理论

2.1　人力资本理论

20 世纪 60 年代,美国经济学家舒尔茨和贝克尔创立了人力资本理论,开辟了关于人的生产能力分析的新思路。主要内容包括:①人力资源是一切资源中最主要的资源;②人力资本对经济增长的作用大于物质资本;③人力资本的核心是提高人口素质,教育是提高人力资本最重要的主要手段;④教育投资应以市场供求关系为依据,对人力资源的合理开发利用,可以有效地促进经济发展和社会进步。高等教育可以提高劳动力素质,增强劳动力技能。因此,国家对高等农业教育的投入,将提升农村经济和社会发展需要的农业科技人才素质。

2.2　高等教育经济学理论

20 世纪 60 年代初,教育经济学形成一门独立的学科,其主要观点包括:国家经济的发展是高等教育发展的前提和基础,它为高等教育的发展提供必要物质条件,又促进高等教育的发展。农业经济的发展和高等农业教育的关系也是如此,高等农业教育通过人才培养科学研究和成果推广转化对农村经济发展起着巨大的促进作用,美国、日本等国家农业发达的重要原因是重视农业教育的结果。

2.3 素质教育理论

20 世纪 80 年代,我国先后提出了培养劳动者素质、提高国民素质等要求。1993 年《中国教育改革和发展纲要》阐述了教育对提高全民素质的重要意义。1994 年《中共中央关于进一步加强和改进学校德育工作的若干意见》中提出了要加强素质教育。《教育部关于加快建设高水平本科教育,全面提高人才培养能力的意见》中明确提出发展素质教育。可见,素质教育是在深化教育体制改革基础上提出的一种教育思想。从教育学角度讲,素质是指遗传基础上,通过教育和自身努力,逐步形成的相对稳定的心理和品质,是个体先天固有品质与后天教育的融合,是各类本质因素的整体表现。对于高等教育来讲,人的素质包括思想道德素质、文化素质、专业素质、身心素质四方面。素质教育重点要把握三点:①人的素质具有发展性特点,通过实践训练可以不断提高;②人的素质具有整体性特点,不能只强调其一,德、智、体、美、劳应全面协调发展;③对个体而言,知识、能力、素质是浑然一体的。因此,在人才培养过程中,要融传授知识、培养能力和提高素质于一体,且正确处理三者关系,才能促进学生素质协调发展。

2.4 终身教育理论

在我国的教育思想历史中,提倡终身教育观念源远流长。古有孔子的:"吾十有五而志于学,三十而立,四十而不惑,五十而知天命,六十而耳顺,七十而从心所欲,不逾矩。"近代教育家陶行知亦曾强调:"我们所要求的是整个寿命的教育:活到老、干到老、学到老、用到老。"捷克教育家夸美纽斯认为教育应从摇篮甚至更早开始,直至生命结束。英国思想家欧文主张人从出生到成年,都应当受到最好方式的教育和培养。法国教育家孔多塞主张教育应该不限年龄,任何年龄学习都是有益的而且是可能的。美国教育家赫钦斯提出"只要一个人活着,学习就不停止",这些教育思想都较好地体现了终身学习的理念,孔子被认为是东方"发现和论述终身教育必要性的先驱者"。

1965 年巴黎的联合国教科文组织成人教育会议中,法国教育家保罗·朗格朗首次以"终身教育"为题作了报告,后被誉为"现代终身教育的首倡者",此后1970 年朗格朗的《终身教育导论》一书问世,1972 年联合国教科文组织出版了《学会生存——教育世界的今天和明天》一书,将"每一个人必须终身继续不断地学习"作为制定教育政策的指导原则。从此,终身教育在国际范围成为一种颇有影响的当代教育思潮。

国际 21 世纪教育委员会向联合国教科文组织提交的报告中将终身教育界定为:"与生命有共同外延并已扩展到社会各个方面的连续性教育。"简言之,终身教育是贯穿于人的一生的连续的多方面的有机联系的教育。因此,在农业现代化建设和乡村振兴战略实施的过程中,也要坚持终身教育的理念,不断开展对农业科技人员和农民的教育培训,高等农业教育在农业科技人员和农民培训中要起到中流砥柱的作用。

3　特色农业应用型人才培养的历史和现状

3.1　国(境)外农业应用型人才培养的历史和现状

18 世纪以前以萨来诺大学、波隆那大学(Bologna)和巴黎大学为代表的中世纪大学,其基本职能仅仅局限在培养人才上。到了 19 世纪初期,大学培养人才的基本职能才得以拓展,增加了发展科学的职能。柏林大学将"教学和科研相统一"作为柏林大学的基本办学方针之一,倡导"通过研究进行教学"。不过,当时的大学基本上还处于关起门来搞科研,科研与生产的联系不大。19 世纪中叶,随着技术革命的出现和社会生产的日益社会化,高等学校逐步认识到它在经济繁荣、科技进步、社会发展中的作用,从而引发高等学校新职能的产生。美国威斯康星大学首次提出了大学直接服务社会的职能,使大学与社会生产、生活实际更紧密地联系起来。威斯康星大学校长 Charles. R. Vanhise 提出的"服务应该是大学唯一的理想""学校的边界就是州的边界"等想法被总结成闻名遐逊的"威斯康星思想"。从此,高等院校具有了服务社会需要的职能。高等学校的发展为推动人类文明进步和发展作出了巨大的贡献。

美国的高等农业教育对世界高等农业教育具有深刻影响。1855 年美国成立第一所农业科学教育类学院——密执安州立学院。1862 年《赠予若干州和准州公有土地以建立工农学院》法案通过立法,之后,美国办起了一批"赠地学院"(又称"农工学院"),主张为地区发展服务,开始直接走向为社会服务的道路,"赠地学院"使美国高等农业教育得到快速发展。至 19 世纪末,美国农业和机械学院发展到 67 所,不仅培养了大批农业专门人才,也促进了美国农业生产,从而带动了美国工业的发展和美国经济的腾飞,之后高等农业教育也开始向综合性发展,一些农业院校转向综合性大学。

美国农业科技推广模式的最大特点是确定了以赠地学院为中心的农业科技推广体系。1862—1914 年期间,美国先后颁布了《莫里尔法案》(Morrill Act)、《哈奇法案》(HatchAct)、《史密斯 – 利弗法》(Smith Lever Act),美国政府通过这三个法案,把教育、科研、推广三者结合在一起,充分利用农学院在教育、科研和人才方面得天独厚的优势,使农业高科技成果能及时得到转化并迅速推广。

国外关于农业应用型人才培养的研究多起源于实践经验的传授。如 1729 年苏格兰的农业学校,1792 年爱丁堡大学的农业讲座,1818 年德国霍恩海姆建立的教学、科研和示范学校等。产业革命后欧洲成为世界经济文化中心,18 世纪末就已出现了高等农业教育的雏形,19 世纪初欧洲各国兴起了高等农业教育,法国的农学院始建于 19 世纪 20 年代,在农业化学、育种技术和农业机械方面都走在世界前列。

20 世纪 60 年代,随着德国工业化、信息化迅速发展,需要大量的高素质劳动者,因此,德国开始进行高等教育改革,建立了 70 多所应用技术大学(Fachhochschulen FH),这些大学的主要任务是改革理论与实践相脱节的教学方法,加强产学研合作,及时将科学研究的最新成果应用于教学,并能够根据生产和市场信息变化及时调整教学方案,让学生在科学研究的基础上获得知识、掌握技术、提升能力。德国文化部部长联席会议于 1998 年将应用技术大学的英文名称统一为"Universities of Ap – plied Sciences"。随后,奥地利、荷兰、瑞士和芬兰陆续使用这个英文国际名称。

1966 年英国颁布了《关于多科技术学院与其他学院的计划》,调整和合并技术学院和教育学院,建立了一些以多科技术学院为主体的高等院校,加强与工商企业界的密切合作,采用"三明治"模式开展教学,开启了高等教育"二元制时代",为产业发展培养所需的技术技能人才。

荷兰 1986 年颁布了《高等职业教育法》,1993 年又颁布了《高等教育和研究法》,使荷兰的应用技术人才培养得到规范和发展,并要求应用技术大学的人才培养目标定位必须与经济发展结合紧密,必须积极开展应用型研究,有效地推动创新型经济的发展。之后,欧洲其他国家也相继立法创办应用技术类型高校,如芬兰 1991 年启动了创建多科技术学院的试验、奥地利 1993 年设立了 9 所应用技术大学、瑞士 1995 年颁布了《应用科技大学联邦法》、俄罗斯 2009 年开展应用型学士培养,这些举措较好地满足了本国经济社会发展对技术技能型人才的需求。

20 世纪 70 年代,为了满足第二产业对于高级技术人才的需求,日本对高等教育提出教育目标要多样化的改革口号。1976 年日本创办了丰桥技术科学大学和长冈技术科学大学,注重课程综合化,延长实训时间,重点培养学生的工程技术应用能力,从而推进了产学合作,提升了社会服务。

1974 年以后台湾成立了一批工业技术学院,主要是为了满足劳动密集型产业向技术密集型产业转型发展的需要,开展本科职业技术教育。1997 年以后部分工业技术学院转为科技大学,为职业教育学生搭建了继续深造的"立交桥",满足了经济发展对高科技人才的需求。技术学院更加注重专业人才培养,科技大学则注重复合型人才培养。

3.2 国内农业应用型人才培养的历史和现状

我国农业应用型人才培养的历史可以追溯到新中国成立前,当时我国高等农业教育主要参照美国的办学模式,在综合性大学内设置农学院系。新中国成立后则参照苏联的办学模式,创办了一些的单科型的农业院校。19 世纪末期我国高等农业教育进程才真正意义地开始,比欧美国家晚了大约100年左右。

1953年随着对生产资料私有制的社会主义改造及计划经济的实行,我国高等农业教育发展较快,高等农业院校数由1949年的18所增至1953年的26所,在校本、专科生也达到36198人,研究生183人,专任教师达到6526人。1956—1960年我国高等农业教育呈现超常规发展,1960年高等农业院校数量增到180所,在校本、专科生数增加到8.04万人。但学校数量增加的速度超过了国家当时经济的承受能力,师资和设施没有及时配套,造成教学质量下降。农业人才质量的降低反作用于农业生产,为农业经济速度减慢埋下伏笔。后来中央总结了1958年以来的一些经验教训,采取一系列有效措施,从1963年起农业经济开始恢复。同时,中央提出"调整、巩固、充实、提高"的八字方针,对高等农业院校进行调整,到1965年高等农业院校减至45所,教学质量也得到提高。"文化大革命"十年浩劫使高等农业院校招生规模大幅下降,1971年才逐渐恢复,到了1983年全国高等农业院校在校本、专科生恢复到67951人,研究生发展到1964人。

1994年在中央的统一部署下,为贯彻《中国教育改革和发展纲要》,以"共建、调整、合作、合并"为主要内容和形式,开展了高等教育管理体制改革,在1994年召开的全国普通高等农林教育工作会议上,出台了《关于进一步推进高等农林教育改革与发展的若干意见》《关于高等农林院校深化本专科招生制度改革的意见》《普通高等学校农林本、专科教育培养目标与基本规格》等一系列文件,1997年时,独立建制的农业院校由1993年的67所调整至52所。1997年以后,随着高等教育大众化进程的不断加快,我国高等农业院校又进一步得到发展,到2008年年底,独立设置的普通高等农业院校发展到83所,其中高等职业技术学院40所。

为了解决老、少、边、穷地区的农业科技人才匮乏问题,1983年试行了定向招生,1990年开始招收农村有一定实践经验的"实践生",解决乡镇和乡镇企业高素质人才短缺问题,满足了职业技术教育发展需求。从1996年起,高等农业院校开始从农业职业高中、农业中专和农业广播电视学校对口招生,为农业生产一线输送应用技术型人才。经过多年的改革与实践,农业院校逐步形成了以国家统招为主,以招收定向生、实践生和对口生为辅的"一主三辅"的招生就业制度,打通了农业教育各层次之间的通道。70 多年来,我国高等农业人才培养经历了恢复、调整、改革与发展等历程,在改革与实践中得到长足的发展。

在 20 世纪 20—30 年代,我国学者就已经开展了关于农业应用型人才培养的研究与实践,较为典型的有:

由黄炎培等主导的中华职业教育社进行的农村改进实验,陶行知创办的乡村师范和山海工学团,晏阳初主持的中华平民教育促进会开辟的农村教育试验区,梁漱溟从事的乡村建设运动等,这些研究与实践形成了当时蔚为壮观的中国乡村教育运动。在现有文献中,对应用型人才培养的研究论文频度较高的主要集中在以下几个方面:

一是阐释应用型人才的特征、含义、分类、能力结构和培养意义。如车承军、苏群认为应用型人才培养是我国经济社会发展的需要,也是高等教育大众化本身的应有之义;陈小虎分析了新建应用型本科院校产生的时代背景以及对我国社会发展的促进作用,论述了新建应用型本科院校的基本特征。指出其办学不能走传统本科教育的老路,必须更新思想观念,创新建设思路,开拓培养途径,改革培养模式,在国家的政策引导与支持下健康快速发展。李娜、解建红认为应用型人才具备的主要能力特征应是具有极强的应用能力和实践能力,极强的工作岗位适应能力;

二是对应用型人才培养模式的研究。人才培养是一项复杂的系统工程,其核心是人才培养模式。人才培养模式是对人才培养过程的总体设计、分步实施和过程管理的一个完整的人才培养实施方案,解决的是"培养什么样的人"和"怎样培养人"的问题。教育部《关于深化教学改革培养适应 21 世纪需要的高质量人才的意见》中关于人才培养模式的概念,即"人才培养模式是学校为学生构建的知识、能力、素质结构,以及实现这种结构的方式,从根本上规定了人才特征并集中体现了教育思想和教育观念"。《关于进一步加强高等学校本科教学工作的若干意见》强调"坚持传授知识、培养能力、提高素质协调发展,更加注重能力培养,着力提高大学生的学习能力、实践能力和创新能力,全面推进素质教育"。秦悦悦认为应用型人才培养模式就是以培养学生实际应用能力为主要特色。张日新提出了"两段式"培养过程,"两平台,多方向"本科应用型人才培养模式。陈小虎将应用型人才培养模式概括为"一条主线、两个方向、三项原则、四个突出"。

三是改革实践经验介绍。如刘国荣介绍了湖南工程学院为适应国家对工程应用型本科教育的发展需要,开展应用型本科教育改革的经验。谭明华介绍了河南牧业经济学院应用型人才培养的经验。奚广生介绍了吉林农业科技学院中药学院通过完善和修订教学计划和构建、优化人才培养模式及培养过程等方式,有效提高学生动手能力、创新能力和创业能力,保证应用型人才培养质量的经验做法。

四是综合众多高校应用型人才培养的实践,从战略高度审视应用型人才培养中存在的问题,把握关键环节,提出对策建议。陈正元在对应用型本科院校的现状、发展环境和办学定位进行分析的基础上,阐述了对应用型本科院校发展目标的几点思考。刘衍聪、李军提出基于 OBE 的理念,设计应用技术型人才培养方案,有助于形成并提升应用技术型人才培养的特色和质量。田春燕认为受认识上的分歧以及应用型高校评价指标体系的制约,应用型本科院校的人才培养方案难以从实质上体现应用型人才培养的特征,有必要建立适应不同专业人才发展的培养规格、课程体系、人才培养模式以及教师队伍。吴佳清从定性、定量和"综合"三个维度构建应用型本科人才培养方案的质量标准。李心忠,林棋从人才培养目标定位、产学深度结合、课程体系设置、师资队伍建设四个方面,提出以产业集群人才需求为导向、以产学结合为抓手,走普通教育与职业教育相结合之路,将是今后应用型本科院校转型发展的方向。

当前,我国农业正处在加快转变生产方式、推动产业结构调整升级、发展现代农业、实现农业现代化和实施乡村振兴战略的关键时期,党的十九大进一步提出建设现代农业产业体系、生产体系和经营体系,促进一、二、三产融合发展,要完成这些阶段历史任务,需要大力发展农业职业教育,培养大批技术应用型人才充实到农业生产一线,开展应用技术研究,推广先进的农业科学技术,解决农业生产中遇到的实际问题。从党的十八大提出要加快发展现代职业教育,推动高等教育内涵式发展,到国务院《关于加快发展现代职业教育的决定》颁布,国家的大政方针都表明要发展不同层次的职业教育,特别是要"采取试点推动、示范引领等方式,引导一批普通本科高等学校向应用技术类型高等学校转型,重点举办本科职业教育。"

2010 年以来地方高校转型发展和应用型人才培养的研究,在学术界开始受到广泛关注和普遍重视。侯长林认为地方本科高校走转型发展之路,是地方经济社会发展的需求,也是教育改革尤其是现代职业教育体系建设发展的需要。徐志强认为以建设"应用科技大学"为目标培养高层次应用型人才,借此探索地方高校与地方经济社会发展深度融合的新路径。胡岸认为与普通本科院校相比,应用型本科院校更加突出在专业设置的区域性、应用性和适时性,必须围绕地方产业链的转型发展和地方企业的现实需求,进行学科专业调整,打造服务地方企业及区域经济社会转型发展的特色专业,以提升地方本科院校服务地方行业企业的能力。刘彦军认为从人才培养方面看,传统高校更注重知识的传授和研究能力的培养,而应用技术型高校则注重技术技能的培养;从科学研究方面看,传统高校重视知识的生产和创新,而应用技术型高校重视现有科技知识的转化、应用和推广;从服务社会方面看,传统高校通过科学研究和人才培养间接服务社会,而应用技术型高校在产教融合培养人才的过程中直接服务社会。刘献君(2018)认为"部分本科高校"向应用型转型,目的在于培养应用型人才,转型是确定目标方向的一个动态发展的优化过程。

在高等农业教育和地方高校服务新农村建设和乡村振兴方面,瞿振元(2006)认为新农村建设对农业科技、高素质农业科技人才有巨大的需求。要真正实现新农村建设的目标,达到粮食稳定增产、农民持续增收以及农村经济社会全面发展,进一步提高我国农业的国际竞争力,"科教兴农"是关键之招,加速农业科技成果转化,提高科技对农业生产的贡献率,培养和造就新农村建设需要的高素质科技人才,是赋予农业高校的历史使命。郑小波认为在新农村建设中,农业高校既要适应国家对高等教育的整体要求,又要考虑学校自身的条件,发挥科技创新、人才培养和科技服务等重要功能,瞄准国家目标,整合科技资源,组织和承担国家重大农业科技任务,提高农业科技创新能力。国万忠、袁艳平认为建设社会主义新农村,教育是基础,科技是关键,人才是保证。高等农业院校应提高政治站位，强化责任担当，坚定不移地走科教兴农、人才强农之路。王晓娥认为地方高校可以利用其人才培养优势，培养农村留得住、用得上的高素质专业人才。史文宪认为，农业高等教育在农业教育体系中所处的位置就决定了其要担负起为农业发展、农村繁荣、农民增收、农业教育提供高级创新型人才与应用型人才的重任。新农村建设，要求农业高校必须调整人才培养目标，优化人才培养结构，培养下得去、留得住、用得上、干得好的应用型人才。沈振锋认为农业高校在为农业经济发展储备高素质人才的同时，已日益成为引领科技创新和新产品研发的一支主要力量。史文宪认为科技是农业发展的强大动力，农业高校是农业科技原始创新的主体之一。建设社会主义新农村要求农业高校主动纳入国家农业科技创新体系，提高自主创新能力和消化吸收能力，重视农业科技的基础研究、应用研究和科技开发，为增强农业科技创新能力作出积极的贡献。王银芬认为地方高校可以发挥人力资源优势和科技资源优势，为新农村建设提供科学指导与技术支持。穆养民认为，高等学校可以利用自身的教育资源和人才优势，开展形式多样、内容丰富的新型农民培训教育工作，建立以大学为依托的农民培训教育体系。史文宪认为农业高校可能通过职业教育、成人教育、科技培训班等方式培养和造就一批科技示范户和科技带头人，并通过他们带动更多的农民。

综上，我国高等农业教育和应用型人才培养既有理论研究，又有实践经验。应该说取得一定成绩，但还存在以下问题：一是理论研究多，实践研究少，多数农业高校自觉服务新农村建设的意识不强。二是缺乏根据农民的视角进行研究分析问题。众多研究都是仅出于研究者的视域进行论述高等教育如何服务新农村，很少能站在农民的立场角度去分析，从而提出更实效的服务。三是研究内容单一、分散，服务面较窄，在遵循高等教育规律的前提下，全面系统建立高校服务乡村振兴体系的研究还不多。

4 国内特色农业应用型人才培养存在的问题

我国高等农业教育的发展对于我国"三农"问题的解决起到重要的推动作用。但是，在高等农业教育人才培养过程中，还存在许多问题，概括起来主要有以下几方面：

4.1　招生数量不足,地区发展不平衡

2017 年,全国普通高校招收农、林类本专学生 339055 人,占招生数的 4.46%;在校生 1241820 人,占在校生的 4.52%;毕业生 330396 人,占毕业生总数的 4.50%。全国成人本科招收农科类学生 16188 人,占招生数的 1.58%;在校生 39763 人,占在校生的 1.54%;毕业生 18115 人,占毕业生总数的 1.66%。与我国高等教育整体发展程度和我国农业现代化建设需要相比,我国高等农林教育招生数量和结构不甚合理,发展相对滞后,因此,满足不了农业现代化建设和乡村振兴对高级应用型人才的需求。

4.2　办学模式单一,教学投入不足

多数高等农业院校办学模式单一,与农业生产实际结合不够紧密,国家和学校对农业院校的教学投入不足,学校办学条件与现代农业发展对教学、科研的需求不相适应。

4.3　教学改革不够深入,人才培养模式趋同

由于高等农业学校自身教学改革不够深入,专业设置不合理,专业单一,教学内容、方法、手段改革不适应现代农业发展和乡村振兴的需要,因此,培养的学生理论与实践容易脱节。

4.4　职业道德教育欠缺,学农不务农现象严重

新中国成立 70 年来,农业院校培养了大约 200 万大中专毕业生,但由于受传统思想观念,农业、农村艰苦条件和社会大环境影响,高等农业院校的毕业生学农不爱农,学农不务农的现象严重,涉农专业的毕业生就业时难以回到农业一线,有的从业领域甚至与"三农"都不沾边。农业部对农业院校毕业生去向的调查显示:一般农业大学有 26.7% 的毕业生去乡镇工作,重点农业大学有 13.7% 的毕业生去乡镇工作,大部分毕业生都没有去农村。这在当前农业现代化建设和乡村振兴战略急需大量人才的背景下,在一定程度上影响了高等农业院校的办学效益。

5 特色农业应用型人才培养应坚持的原则

面向现代农业发展和乡村振兴的需要,适应高等教育国际化要求,特色农业应用型人才培养要坚持以习近平新时代中国特色社会主义思想为指导,坚持通识教育与专业教育相结合,教学、科研与社会服务紧密结合,深化课程体系与教学内容方法手段改革,注重实践能力和创新精神培养,为乡村振兴提供人才保障。

5.1 通识教育与专业教育相结合原则

通识教育是专业教育的上位概念,不仅包含专业教育,而且是专业教育的延伸、深化,与专业教育相辅相成、互为补充。应用型农业院校应在通识教育质量观的指导下,加强学科交叉、渗透和融合,促进学生知识、能力和素质协调发展。

5.2 科学教育与人文教育相结合原则

人文教育可通过传统文化和现代文明相结合,培养人的道德情操,体现了教育的本质特征,科学教育在传授知识和技术,征服、开发自然中体现人的价值。应用型农业院校要准确把握二者的时代特征和发展规律,建树自身科学教育与人文教育融合观,使科学知识与人文知识有效融合,实现更高水平发展,培养具有创新精神和实践能力的新型人才。

5.3 应用型人才培养的共性与个性、统一性与差异性相结合原则

应用型农业院校要充分考虑学科专业和生源素质、毕业生就业岗位要求等特点,在遵循相对统一的、共同的质量标准的基础,人才培养目标要突出针对性、实用性和发展性,注重知识、能力、素质协调发展的要求,在人才培养过程坚持共性与个性、统一性与差异性相结合原则,确保人才培养质量。

5.4 产学研结合原则

应用型农业院校的学科专业要求学校教学必须坚持产学研结合原则,以提高学生实践能力为主线组织开展教学,鼓励学生参与科学研究和科技推广活

动,通过产学研结合途径培养学生的学习能力、实践动手能力、创新能力和推广应用能力。

5.5　终身教育原则

传统的一次性学校教育不可能满足经济和社会快速发展的需求,学习是伴随人一生的活动,也是人自身发展的基础,因此,要树立终身教育的理念,坚持学校教育和终身教育相结合,不断培养适应经济社会发展需要的合格人才。

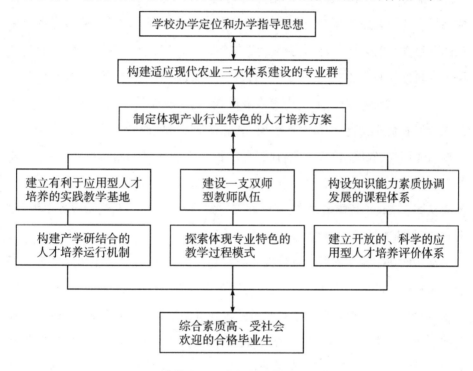

图 2-1　高等农业应用型人才培养模式构成框图

6　高等农业教育助力乡村振兴的服务体系建设

6.1　高等农业教育助力乡村振兴服务体系建设的基本思路

以十九大精神和习近平新时代中国特色社会主义思想为指导,以市场需求为导向,以人才培养与科技创新为重点,以促进现代农业发展和提高劳动者素质为目标,构建以政府为主导、以高等农业院校为依托、社会各界广泛参与的服务体系和人才培养、科技创新、科技推广、信息服务"四位一体"的服务模式,促进产学研的有机结合和大学与农村的深度融合。

6.2 高等农业教育助力乡村振兴服务体系建设的基本框架和功能

高等农业教育承担着人才培养、科学研究和社会服务三大职能,在助力乡村振兴的过程中,可以通过人才培养模式改革、新型农民培训、科技研发、科技成果推广和信息服务等方式全方位地开展服务,增强高等农业教育服务乡村振兴的针对性和实效性,为社会主义新农村建设作出应有的贡献。高等农业教育助力乡村振兴服务体系是在政府和各级教育、科研、财政、行政部门的支持下,以高等农业院校为依托,通过中等农业院校、农业职业教育和农业科技推广部门联合涉农企业、农村经济合作组织,根据农业区域资源和产业特色,开展农业科技人才培养、农民培训、农业科技研发、推广农业先进实用新技术,促进农业科技成果转化和开展农业科技信息服务(见图2-2)。

从图2-2可以看出,从宏观层面上,乡村振兴服务体系包括服务主体、服务客体、保障支撑系统和监督评价系统几部分。

高等农业学校作为服务乡村振兴的核心,也是服务体系的主体。要想做好服务乡村振兴的各项工作,一方面应得到各级教育、行业部门的政策、资金和项目支持;另一方面,农业院校本身要通过体制机制创新,制定相关配套政策鼓励科技工作者走出校门,深入农业农村农民生产生活实际,结合生产生活实际开展科学研究,才能发现问题和解决问题,引领农业科技发展。同时,不断深入教育教学改革和科技创新,提高教育教学质量,促进农业科技成果转化。可见,高等农业教育服务乡村振兴,不仅对农业农村的建设发展起到重要的推动作用,而且对高等农业教育自身的改革和发展也起到重要的推动作用,二者相辅相成,互为促进。

政府和各级教育行政部门构成服务体系的保障支撑系统的组成部分,要从政策制度层面加大对高等农业教育的支持,并提供必要的农业科研、推广和服务经费。教育行政部门作为监督评价系统的重要组成部分把高等农业院校服务乡村作为评价学校办学效益和办学质量的硬性指标,建立健全考评机制,引导和约束高等农业院校服务乡村振兴的行为,保证服务质量。

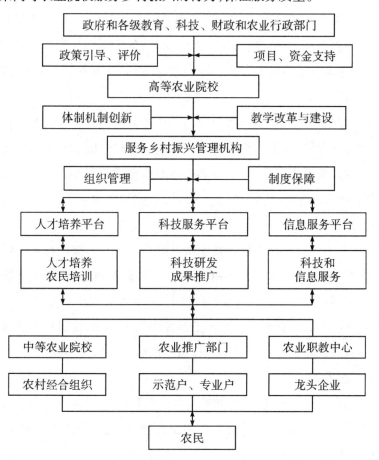

图2-2 高等农业教育服务乡村振兴体系的基本框架

各级农业、科技、财政部门构成服务体系的保障支撑系统的组成部分,要与教育部门建立联动机制,从政策、项目和资金上给予高等农业院校必要的支持,支撑高等农业院校开展科技研发、科技推广和社会服务工作。

中等农业院校、农业职教中心、县乡农业推广站、农村经济合作组织、专业户、示范户、龙头企业和广大农民作为服务对象,既构成服务体系的客体,又作为监督评价系统的重要组成部分,应主动接受高等农业院校的服务,并为服务创造便利条件,协助高等农业院校的师生开展服务工作,及时反应、反馈高等农业院校的服务质量,促进服务持续、健康发展。

从微观层面上,高等农业院校通过成立乡村振兴服务管理机构和体制、机制创新,建立人才培养、科技服务和文化信息三个服务平台,以人才培养平台为龙头,以科技服务平台和文化信息平台为两翼,各平台相互联系,相互促进,引导广大教师为乡村振兴培养人才,研发和推广先进农业科学技术,传播先进文化和农业信息。

人才培养平台。包括学历教育和非学历教育两部分。学历教育包括专业设置、培养目标定位、人才培养模式、教学内容、教学方法、教学手段改革和教学基本建设、师资队伍建设等,为乡村振兴培养急需的应用型人才。非学历教育包括新型农民培训方式、内容、方法、手段的研究和培训效果评价等,为乡村振兴培训新型农民。

科技服务平台。包括科技研发和科技推广两部分。鼓励科技人员深入农业、农村生产一线,针对乡村振兴和现代农业发展存在的生产生活问题立项研究,培训、引进新品种,创新农业生产新技术,制定各生产环节质量标准,提高农产品质量和附加值,建立产前、产中、产后配套服务体系,促进农业科技成果转化,提高科技对农业生产的贡献率。积极争取各项政策和专项经费,促进现代农业健康持续发展。

文化、信息平台。收集、整理和处理各类农业信息,通过网络技术传播给农民,指导农民开展农业生产,传播文化知识,提高农民的科技文化素质,为乡村振兴提供文化信息服务。

6.3 高等农业教育助力乡村振兴服务体系建设的支撑条件

高等农业教育要建立助力乡村振兴服务体系,完成推动经济和社会发展的历史使命,除了其自身的内在机制,也需要社会为它提供必要的条件。

6.3.1 加强政策创新,为乡村振兴服务体系建设提供政策支持

农业作为国民经济的基础,其在经济社会发展中具有举足轻重的地位和作用。而高等农业教育本身具有很强的行业性和发展的特殊性,对农业农村发展又起到重要的推动作用,在服务乡村振兴中高等农业教育发挥着不可替代的作用。国家、教育行政部门应加强政策创新,扩大农业院校招生比例,促进高等农

业教育优先发展,为乡村振兴服务体系的建立提供制度保障。高等农业院校内部也应制定相应的配套政策,对服务乡村振兴的教师和专业技术人员给予经济上和地位上的支持,进一步调动教师服务乡村振兴的积极性和服务质量。

6.3.2　加大经费投入,为乡村振兴服务体系建设提供资金保障

各级政府和教育行政部门要加强对农业教育的投入力度,增加教学经费,缩小农业教育经费的地区差,增加科技推广和社会服务专项经费,支持高等农业院校积极投身到乡村振兴实践中。各级农业、科技、财政部门应设立专项资金或通过科技研发、推广和农民培训等形式,支持高等农业院校的科研和社会服务工作。

6.3.3　深化体制改革,为乡村振兴服务体系建设提供长效机制

国家、政府要加大体制机制改革力度,建立教育、农业、科技、财政等行业的联动机制,打通高等教育通向农村的渠道。吸收高等农业院校毕业生进入政府、各级农业管理部门和技术服务部门,更新人员结构和知识结构。积极引导高等农业院校参与农业推广和农民培训,并逐步建立推广"以高等农业院校为核心"的"人才培养、科技研发、科技推广和信息服务""四位一体"的"三农"服务模式,提高服务质量。政府和社会要加大政策引导和舆论宣传,积极营造高等农业教育服务乡村振兴的外部环境,克服不利因素,为高等农业教育服务乡村振兴体系的建设提供良好的机遇。

6.3.4　深化教学改革,为乡村振兴培养急需的应用型人才

高等农业院校要以乡村振兴的人才需求为导向,以应用型人才培养为核心,调整学科专业结构,深化教学内容、方法手段改革,坚持产教融合、政校企业合作,优化人才培养模式,培养学生创新创业能力、实践动手能力,助力乡村振兴战略实施。

6.3.5　加强引导,促进农民思想观念的转变

现阶段我国农民接受教育培训的意识仍很淡薄,学习新知识、接受新技术的能力受传统农业和小农意识的束缚,在一定程度上影响了高等农业教育服务乡村振兴的积极性和服务质量。因此,各级政府应积极引导农民转变观念,破除各种束缚,自觉接受现代科学文化知识和技术,努力使自己成为一名合格的新型职业农民。

第三章 特色农业应用型人才培养的实践研究

　　1958 年,吉林省左家自然保护区建立了一所本科院校,命名为吉林特产学院,开设了野生动物和中草药栽培两个专业,当年建校当年招生,同时又从吉林省农业学校调整一批学生和教师进入吉林特产学院学习和工作,这是中国建立的第一个培养特色农业专门人才的高校,到 1966 年"文革"前停止招生,学校与中国农科院特产研究所合并,部分教师被调到吉林农业大学任教。吉林特产学院办学时间虽然短暂,但培养的几届毕业生在我国特色农业的形成和早期发展中发挥了重要的作用,成为我国特产事业人才培养的发源地。1978 年,吉林农业大学成立特产园艺系,设立经济动物、药用植物等专业,继续特产人才培养事业。1985 年原吉林特产学院改建成了一所专科学校,命名为吉林农垦特产专科学校,开设了野生动物、特产品加工、药用植物和农业经济管理等专业,不断扩大特产农业人才培养规模。2000 年吉林农垦特产专科学校更名为吉林特产高等专科学院。随着办学规模的扩大及需要,2004 年吉林特产高等专科学院与吉林省农业学校合并后升格,更名为吉林农业科技学院。吉林省农业学校的办学历史可以追溯到 1907 年的中等农学堂,后几经变迁,成为吉林省农业学校。吉林农业科技学院成立后传承了学校百年的办学特色,坚持为生产一线培养农业科技人才。学校升格后即明确应用型人才的培养目标,开展了应用型人才培养模式研究与实践。2010 年,学校牵头成立了吉林省农业职业教育集团,探索校企合作、产教融合的办学之路。2012 年学校召开第一届党代会,确定创办应用型大学的奋斗目标,开始了应用型本科办学的研究与实践。2014 年 6 月为贯彻落实党的十八届三中全会和吉林省委十届三次会议精神,提高学校服务吉林省经济社会发展的能力和水平,学校承担了吉林省教育厅重点课题"新建农业本科院校转型发展的研究与实践",明确了学校转型发展目标任务,理清了转型发展思路。2015 年 10 月,学校被确立为吉林省首批整体转型试点学校。2015 年吉林省委省政府出台了《吉林省委省政府关于推动地方普通本科高校向应用型转变的实施意见(讨论稿)》,根据这个文件精神,学校加速推进了整体转型工作。

1　准确定位,根据现代农业发展需要确定办学定位和人才培养目标

　　农业院校一般位于农业发展比较优势明显的地区,人才培养和科学研究的目的主要是为地方经济社会发展服务,为"三农"服务,这就决定了农业院校应具有鲜明的地方性。"十二五"以来,随着党中央、国务院强农惠农富农政策的不断推出,我国农业现代化在建设上取得了巨大的成绩。水产品、肉蛋奶等产品供应充足,我国粮食产量连续三年超过 6000 亿千克。农产品质量安全水平稳步提升,现代农业标准体系不断完善。农田有效灌溉面积占比达 52%,农业科技进步贡献率达 56%,主要农作物耕种收综合机械化率达到 63%,良种覆盖率超过 96%。以土地制度、经营制度、产权制度、支持保护制度为重点的农村改革深入推进,家庭经营、合作经营、集体经营、企业经营共同发展,多种形式的适度规模经营比重明显上升。农产品加工业与农业总产值比达到 2.2∶1,电子商务等新型业态蓬勃兴起,发展生态友好型农业逐步成为社会共识。这种发展态势,就需要高等农业院校必须重新审视学校的办学定位,调整办学模式,才能及时将新技术、新成果引入教学中,引领并促进农业科技进步,提高农业经济效益。必须紧紧依托当地政府和龙头企业,深入生产一线,接触和了解生产实际问题,才能培养出掌握先进科学技术、能够分析和解决实际问题的人才。可见,农业高等教育离不开农业发展的大背景,离不开当地政府和龙头企业的支持。新建农业本科院校只有打破传统的"精英办学"理念、"研究型"办学模式和"学术性"人才培养模式,与行业(企业)、地方政府紧密结合,植根于农业、农村、农

民中,实行开放式办学,才能形成自己的办学特色,才能培养出行业、企业真正需要的应用型人才。新建农业本科院校在确定办学定位时既要考虑国家经济社会发展的需要,又要审视学校所处的内外环境,坚持实事求是、有所为有所不为的发展战略,根据自身的办学优势找准自身发展和市场需求的结合点,把办学定位建立在为地方经济建设和社会发展服务、为"三农"服务的基础之上,以培养适应农业现代化建设需要的高素质应用型本科人才为己任,积极主动地参与地方经济的建设,才能使学校的办学定位既体现前瞻性,又具有可行性。

吉林农业科技学院办学可追溯到 1907 年的中等农学堂,几经变迁,于 2004 年经教育部批准升格为本科院校。在百年的办学实践中,学校始终坚持传承与发展相结合,根据农业产业发展和农业教育规律调整办学定位和人才培养目标定位,为农业、农村发展提供了强有力的人力支持。2004 年学校升格后即确定应用型人才培养目标,开启了应用型人才培养模式的研究与实践。2010 年吉林省农业职业教育集团在吉林农业科技学院的左家校区成立,农业职业教育集团探索校企合作、产教融合的理论联系实践的办学模式。2012 年吉林农业科技学院学校党代会明确创办应用型大学的奋斗目标,开展了应用型本科办学的研究与实践。2015 年确立为吉林省首批整体转型试点学校。多年来,学校充分发挥人才和科技优势,坚持不懈为"三农"服务,为区域经济发展服务,形成了明显的办学特色。概括地讲,学校的办学类型定位:地方性、行业性、开放性、应用型。服务面向定位:立足吉林,面向全国,为区域经济建设和社会发展服务、为"三农"服务。办学特色:传承与发展相结合,坚持农业科技教育不动摇;为现代农业发展培养实践能力、创新精神和创业能力较强的应用型人才;坚持不懈为"三农"服务,为区域经济发展服务,为地方经济发展提供强有力的人才和科技支持。

2 适应现代农业三大体系建设需要,调整专业结构,构建专业群

十九大报告指出,关系国计民生的根本性问题是农业农村农民问题,全党工作的重中之重是必须解决好"三农"问题。因此,在工作中要构建现代农业产

业体系、生产体系、经营体系,促进农村一二三产融合发展,培养造就一支懂农业、爱农村、爱农民的"三农"工作队伍。吉林省是农业大省,农业、农村、农民在经济社会发展中占有非常重要的地位,培养适应现代农业产业体系、生产体系、经营体系建设及相关产业转型升级发展需要的高素质的应用型人才具有十分重要的意义。吉林农业科技学院现有 39 个本科专业,涉及农、理、工、经济、管理和文学六大学科门类,为进一步提升学校人才培养的针对性、实用性和社会服务能力,吉林农业科技学院对接现代农业产业体系、生产体系、经营体系建设和吉林省现代农业、农产品加工、中药和生物医药、电子信息、现代服务等支柱产业、特色产业和战略性新兴产业,对专业结构进行了调整,构建了农产品加工类、养殖类、种植类、中药制药类、生物技术类、信息技术类;农业工程类、经济管理类八大专业群。其中,农产品加工类、养殖类、种植类对应农业产业体系,是学校的优势特色学科专业;农业工程类、生物技术类、信息技术类对应农业生产体系;经济管理类、信息技术类对应农业经营体系;中药制药类、生物技术类对应吉林省特色产业和战略性新兴产业。中药制药类、农业工程类、生物技术类、信息技术类和经济管理类也是学校的新兴交叉学科专业。学校以特色专业、品牌专业和卓越人才培养试点专业为龙头,集中学校优势资源,本着做强种养加等优势特色专业群,做优农业工程类、经济管理类和信息技术类专业群,做特中药制药类、生物技术类新兴学科专业群的原则,通过生物技术、信息技术和智能制造技术改造传统农业专业,凝练专业特色,大幅度增强复合型技术技能人才培养力度,对培养造就一支懂农业、爱农村、爱农民的"三农"工作人才,进一步提升学校人才培养的针对性、实用性和社会服务能力奠定了坚实基础。"十二五"期间建成国家级特色专业 1 个,国家级综合改革专业点 1 个,国家级卓越农林人才教育培养计划改革试点专业 1 个,吉林省卓越工程师教育培养计划试点专业 2 个;吉林省级品牌专业 2 个,吉林省级特色专业 5 个,吉林省人才培养模式创新实验区 3 个,专业建设水平得到较大提升。

表 3 – 1　专业群对接农业产业链一览表

农业体系	专业群	专业	专业数	农业体系	专业群	专业	专业数
农业产业体系	种植类	植物科学与技术	6	农业生产体系	农业工程类	机械制造及其自动化	9
		园艺				电气工程及其自动化	
		园林				水利水电工程	
		植物保护				土木工程	
		植物检疫				农业建设环境与能源工程	
		现代农业				包装工程	
	养殖类	动物科学	6			机械电子工程	
		动物医学				工程造价	
		野生动物与自然保护				机电一体化	
		动物检疫			生物技术类	应用生物科学	5
		畜牧兽医				生物工程	
		特种动物养殖				生物技术	
	农产品加工类	粮食工程	6			食品生物技术	
		食品质量与安全				应用化学	
		食品科学与工程			信息技术类	计算机科学与技术	4
		食品检测技术				电子信息科学与技术	
						网络工程	
						移动通信技术	
	中药制药类	中药资源与开发	4	农业经营体系	经济管理类	工商管理	5
		中草药栽培与鉴定				财务管理	
		中药学				国际经济与贸易	
		动物药学				市场营销	
		药物制剂				会计	
		制药工程					

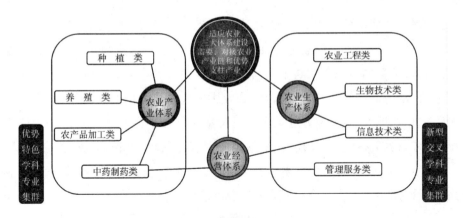

图 3-1 专业群构成图

3 实施"三双四提升"计划,建设双师素质教师队伍

实施了"三双四提升"计划,建设了一支双师素质教师队伍,为应用型人才培养提供智力保障。教师的教学能力和实践能力是影响应用型人才培养成败的关键因素。新升格本科院校随着招生规模的扩张,短期内引进大批教师,而且多数新教师从校门到校门,缺乏教学经验和实践经验,教学能力和科研能力更显不足,因此,要想使应用型人才培养工作顺利推进并取得成功,必须采取有效措施,短时间内提升教师的教学能力和实践能力,为应用型人才培养提供人才保障。针对学校师资队伍的现状和特点,学校实施了"三双四提升"计划工作,即利用五年时间,引进或柔性(双引进)引进高端人才和高素质技术技能人才各10人,计划引进和培养博士各100人,建立五年一周期的全员培训和五年不少于6个月企业顶岗实践的教师"双培训"制度,建立教师和企业人员"双交流"合作,教师到企业实践和企业人才到学校兼职任教常态化机制,大大提升了教师的"教学能力、职业能力、科研能力、学历层次",切实提高了教师队伍整体素质和"双师双能型"教师队伍建设水平,为创建高水平应用型大学提供人才保障。

4 突出五大发展理念,打造五大平台

突出五大发展理念,打造五大平台,为应用型人才培养提供条件保障。平

台建设是培养应用型人才的基础,没有好的平台支撑,应用型人才培养就是空中楼阁。但是学校不可能建全所有学科专业的实践平台,必须充分挖掘和利用社会资源,将教学、科研、大学生创新创业和社会服务有机融合起来,才能释放出更大的活力。产教融合、校企合作是应用型人才培养的必由之路,对农业院校而言,依托地方、服务地方也是应用型人才培养的重要途径。因此,为了使应用型人才培养取得实效,学校本着"学科专业共建共享"的原则,突出"创新、协调、绿色、开放、共享"的理念,着力打造了"实践教学、协同育人、协同创新、就业创业和社会服务"五大平台,办学条件明显改善。

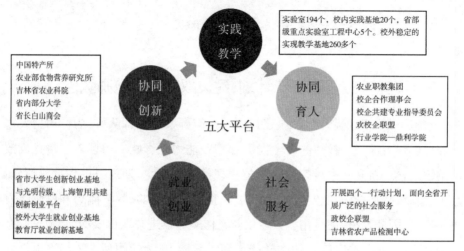

图 3-2　应用型人才培养五大平台构成图

4.1　打造实践教学平台,改善办学条件,提高大学生实践动手能力

学校本着"学科专业共建共享"的原则,按学科专业群规划建设实验室。以重点实验室、实验教学示范中心、工程研究中心、农产品加工中心、食品检测中心等省部级教科研平台为龙头,最大限度地整合教学资源,构建功能集约、资源共享、开放充分、运作高效的专业类或跨专业类实验平台,实现大型仪器设备共建共享,提高仪器设备的利用率,加大实验室面向本科生开放力度,提高了大学生实践动手能力。2017 年学校教学科研仪器设备总值 13121 万元,比 2014 年的 5504 万元增长 52%;生均仪器设备值达到 1.11 万元。新增国家级工程中心1 个、省级重点实验室 2 个、省级实验教学示范中心 3 个、省级工程研究中心 4

个、吉林省高等学校高端科技创新平台 1 个、吉林省科技创新中心 1 个、吉林省教育厅人文社科研究基地 1 个。

依托学校两个校区的生态和资源优势、区位优势和产业优势,突出"创新、协调、绿色、开放、共享"的理念,积极争取政策支持和社会资金,打造集教学、科研、大学生创新创业、科技示范、旅游观光于一体的校内实践教学基地,涉及设施农业、作物育种、果树栽培、食用菌栽培、中草药引种驯化、中草药栽培育种、园林花卉、农田水利、畜禽养殖、特色养殖、疾病防治、农产品加工、电子商务平台等 20 多个园区,校内实践教学基地先后被确立为国家级科普教育基地(2010年)、吉林省级星火培训基地(2012 年)、国家食物营养教育示范基地(2015年)、吉林省大学生实践创新创业教育基地(2016 年)和首批全国新型职业农民培育示范基地(2017 年),学校的办学条件得到明显改善,学生的实践能力和创新能力得到充分锻炼。

表 3 - 2　省部级教学科研平台一览表

序号	名称	所属学科	获批时间
1	长白山动植物资源利用与保护重点实验室	中药学 特种动物	2012 年
2	酿造技术工程研究中心	食品科学	2012 年
3	预防兽医实验教学示范中心	预防兽医学	2014 年
4	农业部特色农产品加工分中心	食品科学	2013 年
5	应用化学专业实验教学示范中心	化学	2015 年
6	国家食物营养教育示范基地	食品科学	2017 年
7	吉林省农特色产业经济研究中心	经济管理	2014 年
8	人参高端科技创新平台	中药学	2014 年
9	猪生态养殖及疫病防控平台	兽医学	2014 年
10	食品(农产品)检测中心	食品科学	2014 年
11	智惠农业研究中心	计算机科学	2016 年
12	吉林省大学生创新创业基地	全校各专业	2016 年
13	首批全国新型职业农民培育示范基地	全校各专业	2017 年

4.2 打造协同育人平台,明确转型发展之路,促进办学模式转型

2010 年,经教育厅批准,学校牵头成立吉林农业职业教育集团,吸纳 100 多家企业和大专院校参与,打造了一个很好的协同育人平台。2013 年学校与吉林省长白山商会合作,2015 年与农业部食品营养所合作成立农业部食物营养与教育示范基地。2015 年与上市公司珠海世纪鼎利科技股份有限公司合作,共建行业学院 - 鼎利学院,开办 7 个专业方向。2016 年与青岛英谷教育集团合作,校企共办 3 个专业。2017 年与吉林市经济技术开发区 48 家企业共建政校企联盟。此外,学校各专业还成立有地方、行业和用人单位参与的理事会(董事会)、专业指导委员会,成员中来自地方政府、行业、企业的比例不低于 50%;每个专业群有 3 ~ 5 个深度合作的大中型企业作为稳定的校外实践教学基地,校企合作的专业群实现全覆盖,确保行业企业全方位、全过程参与学校教学管理、专业建设、课程建设、人才培养和质量评价,在"师资互补、基地共建、携手创新、共育人才、就业创业"等方面实现互惠共赢,促进办学模式转变。

4.3 打造协同创新平台,共建技术研发中心,为师生的科技创新提供支持

学校先后与吉林农业大学、长春中医药大学、吉林省农科院农业科学院、中国农科院特产研究所等省内外科研院所合作,成立了协同创新中心,发挥省级重点实验室、协同创新中心、酿造工程中心、人参高端平台和农业部农产品加工分中心等"协同创新"平台的技术优势,在动物养殖、疫病防治、作物育种、高产栽培、中草药栽培、遗传育种、生物技术应用、互联网 + 农业、农业物联网、农产品精深加工、食品安全、生物制药等方面开展应用研究,共建技术研发中心,为师生的科技创新提供支持。

4.4 打造就业创业平台,提高大学生创新创业能力和对口就业率

学校在校内实践基地中规划出动物、植物、食品、信息技术、产品营销等十几个创新创业园区,作为大学生开展创新创业实践基地。同时学校还在校外建立一批就业基地,充分利用校外实践教学与就业基地,加强大学生就业指导与

服务,提高毕业生的就业率和就业质量,促进学生实现高端就业;学校与光明传媒、省市人社厅等部门合作,建立大学生创新创业平台,为大学生创业提供条件和保障。学校成立创新创业学院,依托学校实践教学、协同育人、协同创新、就业创业和社会服务五大平台,开展创新创业教育,使大学生的创新创业教育落到实处。2016 年,校内大学生创新创业基地被确立为吉林省大学生创新创业基地。

4.5 打造社会服务平台,创新社会服务模式,不断增强高等农业教育和农业本科院校社会服务能力

几年来,学校与省内十多个市县开展合作,为师生搭建广泛的"社会服务"平台,启动"四个一"行动计划,支持专业技术人员依托一个学科,形成一个团队,选择一个项目,服务一个乡镇,形成一种"人才培养与培训、科技创新与推广、信息与技术服务"三位一体的社会服务模式,将潜在的技术优势转化为现实生产力,推进农业科研成果率先在省内转化,不断增强高等教育和农业院校社会服务能力。2007 年学校承担了科技部"长白山区新农村科技实用人才开发与培训"项目,在省内开展广泛的培训和农业科技推广工作,多年来,培训农业科技人员、农村基层干部、种养大户 10 万余人,辐射带动农民 100 余万人,推广农业科技成果和实用技术 200 余项,建立"兴农网",利用 12582 农民专家热线,通过基层农业组织、技术推广部门、龙头企业、养殖大户辐射带动农民,不断提高农民的科技文化素质,促进农业科技成果转化,为农业现代化建设和乡村振兴战略实施提供了强有力的人才支持和技术服务。2017 年学校被农业部确立为"首批全国新型职业农民培育示范基地"。

5 坚持产教融合、工学结合,实现应用型人才培养模式的创新

人才培养模式是指在一定教育思想和教育理论的指导下,由人才培养目标、培养方案、培养过程诸要素构成的相对稳定的教育教学过程与运行机制的总称。人才培养模式是实现人才培养目标的主要组织形式,应用型人才培养离不开人才培养模式的改革与创新。学校坚持以行业企业需求为导向,坚持产教

融合、工学结合,发挥特色、品牌专业和"卓越计划"的引领作用,探索适应专业(群)特点的应用型人才培养模式。农业类专业多数为复合型专业,涉及新型交叉学科,教学内容广,技术性强。农业生产受自然和人为因素影响较大,未知因素较多,这就为人才培养带来一定的难度。为了使人才培养方案既体现专业特色,又突出人才培养的实效性,学校成立了由校企双方专家组成的人才培养指导委员会,在广泛开展社会调研的基础上,针对应用型人才成长规律、生产一线的技术工作流程,从培养高素质应用型农业科技人才目标的实际出发,以实践能力和创新精神培养为主线优化人才培养方案,构建了"平台+模块"的理论教学体系、"三实一研"的实践教学体系和"人文+科学"的素质教学体系。压缩了理论课,拓宽了实践课,增加了选修课,淡化了理论教学,突出了实践技能和综合素质培养,既拓宽了学生的知识面,又增强了学生的实践技能培养,促进了学生综合素质的提高和个性的发展。我们根据农业生产岗位和岗位群的特点将各专业的职业能力分解为综合能力、专项能力、基本技能。其中,基本技能主要通过课内实验完成,减少验证性实验,增设综合性、设计性和创意性实验,专项能力主要安排在3~5或4~7学期,分层次、分阶段,由浅入深,由单一到综合,结合主要生产环节在校内实践教学基地完成;综合能力中的计算机应用能力和语言表达能力通过计算机教学和选修课、课外活动得到培养,农业生产方面的综合能力在第6~8学期根据毕业生就业意向安排在不同的生产企业作为毕业前的顶岗实习,且与学生就业岗位紧密接轨。全学程累计实践教学环节不少于1年,实践教学的比例文科不低于30%,理科不低于45%,实践教学贯穿于教学活动的全过程,突出项目引领、任务驱动等特点。新的实践教学体系强化了实用性,突出了针对性,实现了理论教学与实践教学的有机结合,教、学、做的有机结合,校内与校外教学的有机结合,使学生的职业能力培养落到实处,保证了人才培养质量。

依托"三实一研"的实践教学体系,将实验、实习、社会实践、参与教师科研和大学生创新创业项目研究与实践有机结合进来,探索产教融合、工学结合的人才培养模式。倡导独立设置实验课,独立设置实验的比例理科不少于25%,文科不少于15%;倡导根据行业企业需求、根据教师科研项目开发设计实验项目、大学生科技创新项目,吸纳低年级学生参与教师科研。以第二课堂为载体,积极开展社会调查、志愿者服务等社会实践活动,每个本科生参加社会实践活动的时间累计不少于4周,创新学分不低于4学分。新的人才培养方案和人才培养模式实现专业群对接产业链、教学内容对接生产内容、教学过程对接生产过程,培养了大批具有较高职业素养、较强创新精神和实践能力,适应岗位(群)需要的高素质应用型人才。

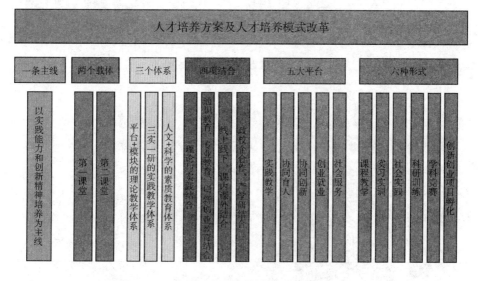

图3-3 应用型人才培养模式改革实现方式图

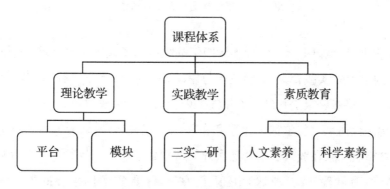

图3-4 课程体系构成图

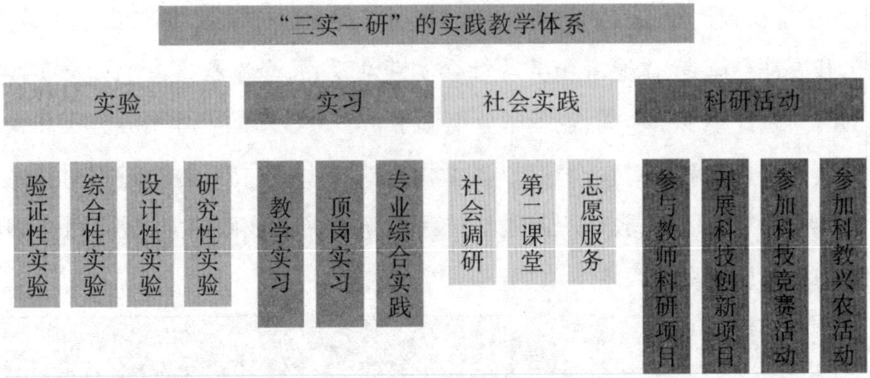

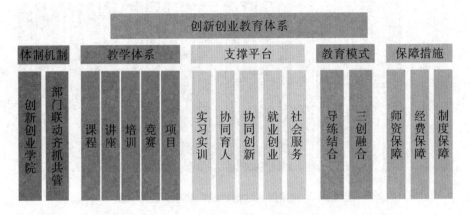

图3-5 实践教学体系构成图

图3-6 创新创业教育体系构成图

从2014年至2017年,学校连续四年围绕应用型人才培养开展主题教育实践,在教风学风、实践育人、课程改革与建设、专业建设等方面有了较大突破,为应用型人才培养奠定了基础。深化教学内容、方法、手段改革,突破原有学科定势,重构课程体系。与尔雅合作建立在线课程建设平台,联合开发在线开放课程,按合格、精品、在线开放三个层次开展课程建设。积极推行基于实际应用的案例教学、项目教学,专业课程运用真实任务、真实案例教学的覆盖率达到100%;引导广大教师将现代信息技术融入教学改革,推动信息化教学、虚拟现实技术、在线知识支持、在线教学等教育技术的广泛应用,推动在线教学和混合式教学方法改革,学做结合,教学一体,提升了课程建设内涵和人才培养质量。

建成省级在线开放课程 6 门。有 1 门课程在第二届"超星杯"慕课及移动教学大赛中荣获全国一等奖。经过几年的研究与实践,先后获国家级教学成果二等奖 1 项,省级教学成果一等奖 2 项、二等奖 3 项、三等奖 2 项。

表 3-3　吉林农业科技学院省级以上教学成果奖一览表

序号	成果名称	等级	获奖时间
1	经济动物专业改革与建设	国家级二等奖、省级一等奖	2005 年
2	动物医学专业改革与建设	省级一等奖	2009 年
3	食品科学与工程专业改革与建设	省级二等奖	2009 年
4	野生动物与自然保护区管理专业"四位一体"人才培养模式的研究与实践	省级二等奖	2014 年
5	动物医学专业大学生创业教育研究与实践	省级二等奖	2014 年
6	工商管理专业应用型本科人才培养模式的研究与实践	省级三等奖	2014 年
7	机械设计制造及其自动化专业应用型本科人才培养模式的研究与实践	省级三等奖	2014 年

6　构建"五位一体"的创新创业教育体系和"导练结合、三创融合"的创新创业教育模式

构建了"五位一体"的创新创业教育体系和"导练结合、三创融合"的创新创业教育模式,促进创新创业教育与应用型人才培养的有机结合。创新创业教育是高等教育适应经济社会转型升级提出的新要求,是高等教育改革的重要内容,是地方高校走向经济社会发展中心的最佳切入点。2013 年学校在综合改革方案中就明确提出加强创新创业教育。"十三五"规划进一步明确创新创业教育改革目标任务,充分利用校外实践教学基地和就业基地,加强大学生的就业指导与服务,提高毕业生的就业率和就业质量。

为贯彻落实国务院办公厅《关于深化高等学校创新创业教育改革的实施意

见》(国办发〔2015〕36 号)文件精神,学校成立了创新创业学院,出台了《吉林农业科技学院创新创业教育实施方案》,构建了"体制机制、教学体系、支撑平台、教育模式、保障措施"五位一体的创新创业教育体系。一是建立了由创新创业学院牵头,多部门联动,齐抓共管的创新创业教育体制机制,强调创新创业教育要面向全体学生,要融入人才培养方案,贯穿人才培养全过程。二是构建"课程、讲座、培训、竞赛、项目孵化"相结合的创新创业教学体系,递进式设置课程和教学内容,支持全校教师针对专业特长开展创新创业教育研究与实践,保证创新创业教育面向全体学生。三是依托"实践教学、协同育人、协同创新、创业就业、社会服务"五大平台,探索"导练结合、三创融合"的创新创业教育模式,从师资、资金和制度三方面为创新创业教育提供保障,促进创新创业教育与应用型人才培养的有机融合。

2012—2017 年,我校连续五年获得省财政厅、省人社厅全民创业发展专项资金 800 万元,用于大学生创业基地建设,学校每年投入 200 余万元支持大学生开展创新创业活动,鼓励学生通过参与科学研究、创新训练、创业孵化、发明制作、职业训练、学术讲座、学科竞赛、创业大赛和社会实践等活动,提高创新意识、创新能力和创业能力。建立国家、省、校三级学科竞赛及创新创业大赛制度,形成"以赛促教、以赛促学、学创结合、重在创新"的良好发展态势,2014—2017 年获省级以上学科竞赛奖 504 项,其中,国际竞赛奖 2 项,国家级竞赛奖149 项,省部级竞赛奖 353 项。学校大学生创新创业基地种类和功能齐全,2016年被确立为省级大学生创新创业基地,不仅保证了本校学生创新创业教育活动的开展,还面向省内部分高校开放,起到很好的示范推广作用。

表 3-4　学生获得省级以上学科竞赛奖统计表

学年度	国际			国家级			省部级			合计
	一等	二等	三等	一等	二等	三等	一等	二等	三等	
2013—2014 年				3	13	12	6	19	44	97
2014—2015 年			1	5	16	18	11	32	31	114
2015—2016 年	1			6	8	16	12	32	54	129

续表

学年度	国际			国家级			省部级			合计
	一等	二等	三等	一等	二等	三等	一等	二等	三等	
2016—2017 年				9	13	30	16	43	53	164
小计	1		1	23	50	76	45	126	182	504
合计	2			149			353			

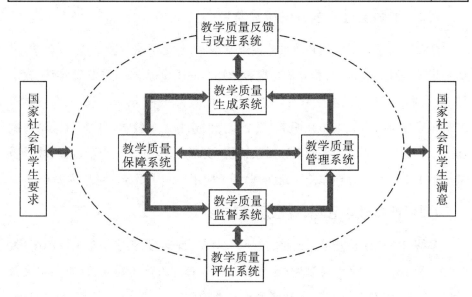

图 3-7 创新创业应用型人才培养模式示意图

7　建立健全教学内部质量保障体系,确保人才培养质量持续改进提高

建立健全教学内部质量保障体系,确保人才培养质量持续改进提高。新建本科院校的质量影响到我国高等教育整体质量,新建本科院校的发展关系到我国高等教育的整体发展。为了确保应用型人才培养质量持续改进提高,学校建立健全了内部质量保障体系,并开展全面的质量评价。

7.1　建立健全教学质量内部保障体系

建立校院系三级教学质量管理体制,明确校院系三级管理职责,加强了教学管理队伍建设。成立校级教学质量保障领导小组,教务处和教学质量监控中心负责学校的教学管理和质量监控;成立院级教学质量保障领导小组,负责院系教学管理与质量监控。建立了内部教学质量保障体系,由教学质量生成系统、教学质量保障系统、教学质量管理系统、教学质量监督系统、教学质量评估系统、教学质量反馈与改进六大系统构成,实现对本科教学全过程、全方位的质量监控,促进教学活动的持续改进和教学质量的持续提高。

7.2　加强全过程全方位质量监控

学校完善了教学管理和质量监控规章制度,制定了课堂教学、实践教学、成绩考核、毕业论文(设计)指导等主要教学环节的质量标准;任课教师聘任、教学评价、学籍管理等主要教学管理工作的质量标准。坚持"校、院、系"三级教学监控组织通过对"期初、期中和期末"三个重点时期和课堂教学、实习实训、论文试卷三个主要教学环节加强管理和质量评价,实现对教学资源、教学过程、教学质量三个主要方面的管理和监控,有效保证了应用型人才培养质量持续提升。

7.3　严格教学管理,规范质量监控

坚持日常教学检查结果通报、教师调串课情况通报、教学检查反馈制度、教学督导和学生网上评教等制度;定期召开教学管理人员工作会议,研究解决教学质量管理中存在的问题,安排部署阶段性教学工作,推动各项主要教学管理制度的落实;加强考试的组织管理,严格执行试卷质量的审批制度,认真评阅和科学分析试卷,对教育教学活动和人才培养的质量进行全面评价。根据《吉林农业科技学院学生毕业论文(设计)暂行规定》和《吉林农业科技学院毕业论文(设计)质量评价标准》的要求,坚持毕业论文(设计)"三期""三审"制度,加强对毕业论文(设计)工作的规范管理。

7.4　分析监测结果,持续改进提高

根据教学质量监督和评估体系对教学质量的监测结果,特别是对照本科教学状态数据统计结果,认真分析存在问题,提出改进建议,不断完善内部教学质量保障体系,确保教学质量得到持续改进和不断提高。

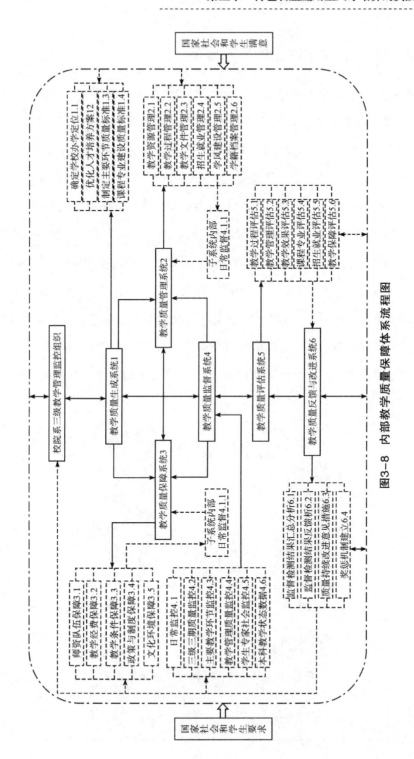

图3-8 内部教学质量保障体系流程图

8 加强毕业生就业指导与服务

加强毕业生就业指导与服务,毕业生对口就业率明显提高。从提高教学质量入手,将创新创业和就业教育贯穿于教学活动的全过程,加强了毕业生的就业指导、服务和信息反馈,帮助学生树立吃苦耐劳的品格意志和学农爱农、服务于"三农"的职业道德。建立毕业生信息反馈制度,认真听取毕业生和用人单位对本专业教学的意见和建议,了解和掌握教学质量方面存在的问题,及时更新教学内容,改进教学方法和教学手段,保证人才培养质量。随着改革的不断深入,大学生的实践能力和创新能力不断增强,2014—2017届毕业生的初次就业率分别为80.34%、86.22%、80.60%和87.09%。近三年毕业生在省内和中小企业的就业率均达到40%以上,毕业生月均收入逐年提高。毕业生对学校教学工作满意度达95%左右,用人单位对毕业生满意度达100%,大部分单位对学生的理论学识水平、实际操作能力和创新意识等方面都给予了较高的评价。

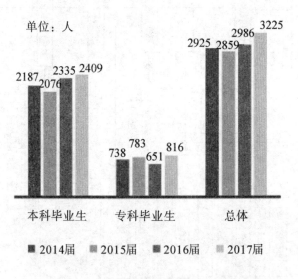

图 3-9 2014—2017 届毕业生初次就业率

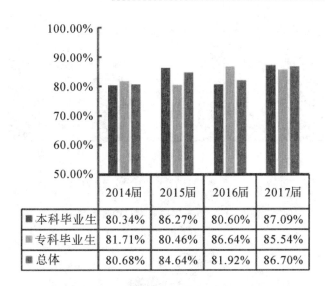

	2014届	2015届	2016届	2017届
■ 本科毕业生	80.34%	86.27%	80.60%	87.09%
▨ 专科毕业生	81.71%	80.46%	86.64%	85.54%
▧ 总体	80.68%	84.64%	81.92%	86.70%

续图 3-9 2014—2017 届毕业生初次就业率

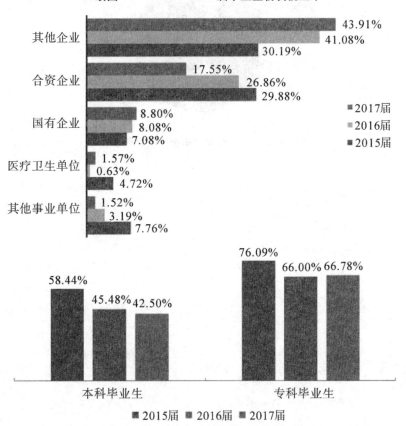

图 3-10 毕业生在中小企业和省内的就业率分布图

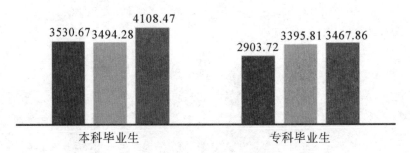

图 3 – 11　近三届毕业生月均收入情况

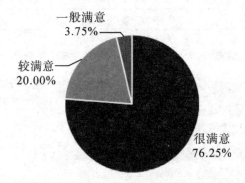

图 3 – 12　用人单位对毕业生满意评价

第四章　搭建农业科技服务平台，
助力乡村振兴战略实施

　　实现农业现代化和振兴乡村，关键在农民，难点在科技，突破在于科技体制创新。目前，我国现行的农业科技体制存在条块分割和产学研脱节现象，因此，科技成果转化率和科技贡献率偏低。

　　高等学校是知识、信息的创新源和辐射源，也是人才的储备源，高等院校有科技优势和人才优势，这些优势对科技发展和社会进步具有较大的推动作用。在全面建设小康社会的进程中，高等学校逐步从社会的边缘走向中心，越来越多地承担起服务国家经济社会的重任。我国高等农业院校以国立为主，多数高校有较完善的基础设施、雄厚的科研力量、先进的研究手段，是我国农业科技体系的一支重要力量，因此，我国开展农业科技研发和推广具有得天独厚的优势，高等农业院校服务乡村振兴具有义不容辞的责任和义务。但我国现行的农业科技体制下，高等农业院校的农业科技推广工作长期游离于国家的农业推广体系之外，其推广优势和作用没有充分发挥出来。高等院校自身也存在对科技推广的重视程度不够、产学研结合不紧密等问题，还没有形成具有广泛推广价值的农业科技推广模式。

　　以高等农业院校为依托的农业科技服务平台的搭建，可以发挥高等农业院校的人才和科技优势，加强农业科技研发和农业科技推广工作，通过科技人员在农村建立试验、示范基地，指导专业户、示范户，扶持农村经济合作组织和龙头企业，建立专家大院，开展农民培训等形式，创新农业科技体制和运行机制，把农业科技新成果、新技术直接应用在农业生产和乡村建设中,促进农业科技成果快速转化。

《农业科技发展纲要》提出:建立新型农业科技创新体系的指导思想是以改革为动力,充分考虑农业科技自身的特点和我国农村的实际,科学规划、分类指导、试点先行、稳步推进,加强政府的政策引导,引入市场竞争机制,加速新型农业科技创新体系的建立,坚持科技兴农、质量强农,深化农业供给侧结构性改革,构建现代农业产业体系、生产体系、经营体系,推动农业发展质量变革、效率变革、动力变革,持续提高农业创新力、竞争力和全要素生产率。其目的就是要进一步强化科技人员在农业科技推广中的作用,完善农业科技体系。

1 搭建科技服务平台的目的意义

1.1 搭建科技服务平台是市场经济体制下现代农业发展的需要

党的十八大以来,我国农业农村各项改革都取得历史性成就,为推进全面建成小康社会进程提供了有力支撑。但与发达国家相比,我国农业农村还存在基础差、底子薄、人才匮乏、发展滞后、农村一二三产业融合发展不够等问题,导致农产品阶段性供过于求和供给不足并存,农产品供给质量和效益亟待提高,农民适应生产力发展和市场竞争的能力不足。因此,需要改革现行农业科技推广体制,推进农业由增产导向转向提质导向,建立以农业技术为主要服务内容的农技推广体制机制,开展产前、产中、产后全程服务。搭建以高等农业院校为依托的农业科技服务平台,就是为适应现代农业发展新阶段的要求而进行的改革和创新。

1.2 搭建科技服务平台是完善和创新我国现行的农业科技推广体系的需要

我国是以政府为主导的现行的农业科技推广体制,实行垂直管理。因此,很难满足市场经济发展、现代农业建设及乡村振兴的客观需要。据统计,全国目前共有 19 万个基层农业推广机构,135 万推广人员,平均每万亩耕地不足 2 名农技人员,平均每 7000 头牲畜只有 1 名科技人员,平均每万名农业人口中仅有 6 名农业技术人员，而发达国家平均不足 400 名农业人口就有 1 名农业技术人员。另外，超过一半的农技推广人员只有初中文化程度，大学及以上学历的比例偏低，农技推广人员的知识老化问题也十分严重。不论农技术人员的数量，还是农技术人员质量都满足不了现阶段农业农村发展的需要。因此，搭建以高等农业院校为依托的农业科技服务平台，依靠高等农业院校的科技和人才优势，开展科技研发和推广工作，是对我国现行农业科技推广体制的一种必要补充和完善。这种体制的建立，有利于大学的新技术、新成果迅速推广和示范，从而促进农业现代化建设和地方经济的发展；有利于大学的学科专业建设和人才培养，从而推动产学研结合，有利于我国传统农业向现代农业转变，促进农村一二三产业融合发展，推动乡村振兴战略实施。

1.3 搭建科技服务平台是提高农业科技成果转化率的需要

目前我国农业科技成果转化率远低于发达国家农业科技成果转化率的水平，发达国家的通常做法是通过农业科技推广来提高农民的科学文化素质、经营管理能力和科技成果转化率，发达国家科技对农业生产的贡献率一般达到 70% 左右。因此，搭建以高等农业院校为依托的农业科技研服务平台，能使教学、科研、推广与生产紧密结合，加快科技信息的集成和传播速度，提高科技成果转化率，将会成为促进我国农业科技成果转化的重要途径。

1.4 搭建科技服务平台是促进农业可持续发展的需要

经过 20 世纪后半叶经济的快速发展，人口增加、消费增加和资源匮乏的矛盾日益突出，生态环境恶化成为困扰人类生存和影响社会经济发展的障碍因素。保护生态和环境，实现农业可持续发展已经成为 21 世纪人类共同关注的课题。因此，搭建高等农业院校科技服务平台，可协助政府有效处理好环境保护和经济发展的关系，促进农业可持续发展。

1.5 搭建科技服务平台是高等农业院校融入乡村振兴主战场的需要

现代经济社会的发展赋予了高等院校教育教学、科学研究、社会服务和文化传承等多种功能,高等院校也逐渐由经济社会的边缘走向中心,在一定程度上引领国家或地区经济社会发展。《中华人民共和国农业技术推广法》(1993年颁布)就提出农业科技推广要"实行科研单位、有关学校、农业科技推广与群众性科技组织、科技人员、农业劳动者相结合"。《国务院关于深化改革加强基层农业科技推广体系建设的意见》(国发〔2006〕30号)又进一步强调要逐步构建起以国家农业科技推广机构为主导,农村合作经济组织为基础,农业科研、教育单位和涉农企业广泛参与、分工协作、服务到位、充满活力的多元化基层农业科技推广体系。这些文件为农业院校参与农业科技推广提供了法律和政策依据。搭建高等农业院校科技服务平台,可以将农业院校的知识资源和科技资源迅速传播、扩散到广大农村,为社会经济发展作出贡献。因此,搭建科技服务平台是高等农业院校融入乡村振兴主战场的需要。

1.6 搭建科技服务平台是创新产学研结合办学模式的客观需要

农业教育、科研与推广是现代农业发展的"三大支柱"。农业推广与科技、教育同步发展是现代农业推广的必然趋势,也是乡村振兴的必然要求。建立以高等农业院校为依托的农业科技服务平台,可以整合教育、科研与推广部门的优势,有效地促进农业教育、科技与生产的有机结合,促进现代农业的发展和乡村振兴。

1.7 搭建科技服务平台是科研反哺教学的需要

研究表明,科研可通过以下几种方式反哺教学。一是在科研过程中,教师通过查阅大量的资料、文献,拜访相关专家,知识得到更新,从而充实了教学内容。二是学生参与教师科学研究的过程中,实践动手能力和分析问题、解决问题的能力得到培养和锻炼。三是科研能促进教学实验设备的更新、完善,促进教学方法手段改革。四是科研能培养教生的创新意识、创新精神和创新能力,促进教学的可持续发展。因此,搭建以高等农业院校为依托的农业科技服务平台,可有效促进教师深入农业生产一线,针对生产中存在的实际问题开展应用研究并指导实践,从而实现科研反哺教学。

2　高等农业院校开展农业科技服务的优势

高等农业院校作为农业科技创新和人才培养的主体,科技资源和人力资源极其丰富,能够向农业行业和生产、加工、经营企业输送先进科学知识、技术,培养急需的人才。因此,高等农业院校助力乡村振兴,具有得天独厚的科技、人才和学科优势。

2.1　科技优势

随着我国高等农业教育的发展,各级各类学校拥有相当数量的学科专业平台,在科学研究、人才培养和服务"三农"方面聚集了独特的科技优势和人才优势,是我国目前除农业科研院所和大中型企业之外农业科技创新的主要阵地。农业高校承担的农业领域国家科技攻关和国家自然科学基金项目约占70%以上,每年有80%以上的农林科研成果产自高等农林院校,每年有300多项科技成果获得省部级以上奖励,在包括高等农业院校在内的科技人员的共同努力下,科技对我国农村经济增长的贡献率已由20世纪70年代末的27%提高到60%以上,高校的科技人员已经成为推动农业科技发展的主力军。

2.2　人才优势

我国高等农业院校拥有庞大的科技队伍。据统计,2006年,我国高等农业院校拥有教学与科研人员40581人,研究与发展人员17885人,成果应用及科技服务人员2518人;2017年,全国普通高校招收农、林类本专学生339055人,在校生1241820人,毕业生330396人。全国成人本科招收农科类学生16188人,在校生39763人,毕业18115人;硕士研究生招生2084人,在校生7302人,毕业1410人;博士研究生招生14212,在校生39638,毕业8554人。可见,高等农业院校人才优势明显,如果能够鼓励科技人员参加农业科技推广活动,将对地方农村经济发展起到积极的推动作用。

2.3　学科优势

《中共中央国务院关于实施乡村振兴战略的意见》中明确提出,产业兴旺、乡村振兴是重点。我国必须坚持绿色兴农、质量兴农,以农业供给侧结构性改革为主线,加快构建现代农业产业体系、生产体系、经营体系,提高农业竞争力、创新力和全要素生产率。产业兴旺、乡村振兴的重要途径之一是加快推进农业现代化进程,即用生物技术、信息技术和现代装备技术对传统农业进行改造和升级。因此,推进农业现代化需要多学科的相互交叉渗透。目前,高等农林院校80%以上是多科性或综合性的,农业、生物、信息等学科间的交叉和渗透,不仅促进了农业科技创新,也形成了对现代农业发展和乡村振兴的支撑力量。

2.4 农业科技推广的优势

2012年中央一号文件提出,引导科研院所、各大农业院校逐渐成为公益性农技推广的重要力量,强化科研院所、农业院校服务"三农"。因此,多年来,高等农业院校坚持教学、科研、生产相结合,不断完善激励机制,鼓励专业技术人员深入农业农村开展农业技术推广服务工作。随着一大批地方本科院校的转型发展,高等农业院校在农业科技推广中发挥的作用越来越大,在应用型人才培养过程中,将成熟的科学成果和技术推广到农业生产实践中,提高农业的生产力,发挥了农业科技推广"助推器"的作用。

3 高等农业院校开展农业科技服务的历史和现状

高等农业院校学科齐全、人才和技术优势明显、信息量大,可为农业生产提供一定的新技术、新成果、新知识,高等农业院校的教学科研基地可以作为农业技术人员培养的教学示范基地,在农业科技人才培养和新型农民培训等方面发挥重要的作用。

3.1 新中国成立前我国农业院校的科技服务情况

从我国高等农业院校诞生之日起就重视教学、科研和科技推广工作。1905年我国创办了第一所农业大学——京师大学堂,经过几年的发展,到1909我国已经有农业大学1所、高等农业学堂5所、中等农业学堂31所、初等农业学堂59所。这些学堂、学校在鼓励师生下乡传播、推广农业科技和服务社会方面都进行了积极的探索和实践,对提高农民素质、促进农业农村经济发展作出了重要贡献。但早期这些活动的影响面较小。20 世纪 20 年代，随着我国不断完善高等农业教育制度，同时，有大批在海外的留学生回国服务国家、社会，我国农业大学服务社会的能力才逐渐增强。

中山大学邓植仪教授是最早倡导农业教育与农业生产结合的学者。他强调农业大学不仅造就专门人才，尤其需要负责推进解决地方农业问题。中山大学的丁颖教授也是农业大学服务社会的倡导者和推动者，他倡导农业大学应负担起振兴农业，复兴农村，安定农民生活；解决农业科技推广问题；提高民族文化素质三项职责。

3.1.1　通过设立农业推广机构，开展科技推广服务

在 20 世纪 20 年代，我国农业高校主要是通过设立农业科技推广机构或建立农业推广实验区开展农业科技推广服务，主要是在良种引进、改进栽培技术、加强病虫害防治、科学施肥和推广新式农具等方面开展工作。如金陵大学 1920 年成立了棉作推广部，1924 年又成立了农业科技推广部及乡村教育系；西北农业大学 1934 年成立了农村事务处，1938 年又改为农业科技推广处；北京农业大学、岭南农科大学、东南大学、浙江大学农学院、中山大学农学院、河北大学等高校也相继成立了农业科技推广部，统筹学校农业科技推广与技术培训工作。为使农业科技推广工作建立在科学研究的基础上，许多院校都建立了农事试验场。1924 年金陵大学培育出第一个小麦品种"金大 26 号"。1935 年中央大学农学院与八处农事实验机关合作进行区域试验，在长江下游各省推广"美国玉皮""中大 2419"等小麦品种。此外，农业院校还派人到农村开展病虫害防治、新品种栽培技术指导等各项技术推广和服务工作。

3.1.2　通过培养农业科技推广人才，开展科技推广服务

我国农业高校通过创办农业教育系和选派人员出国留学等措施，在推广农业科技的同时为农业科技推广培养了大批人才。例如：1924 年金陵大学设立乡村教育系、1931 年湖北教育学院成立农业教育系、1936 年四川省立教育学院创办乡村教育系和农事教育系等，其他一些大学也设立了农业教育系。1943 年由美国农业部资助，国家选送了杨懋春、谢景州等 10 人去美国留学，专攻农业科技推广，为农业科技推广工作的开展提供了人才保障。

3.1.3 通过培训农民技术骨干,开展科技推广服务

我国早在 1917 年,简易的农民讲习所是国立北京农业专门学校在郊区兴办的,主要向农民传授农业知识和技术。1920 年,邹秉文教授在东南大学培训 270 名学员,这些学员学习的主要是植棉技术。这些学习、培训的举办为把农业新技术推广到农村奠定了基础。后来,这些农民培训班在一些大学也不同程度地多次开展起来,通过对农民技术骨干的培训,以点带面促进了农村科技的普及。

3.1.4 通过普及农业科技知识,开展科技推广服务

全国一些农业大学通过各种媒体途径传播农业科技新知识和新技术,取得较好的效果。第一,发行农业科普报刊。例如:1904 年创刊的《北直农话报》由直隶高等农业学堂创办,面向全国发行,内容包括社说、土壤、肥料、作物、植物病理、蚕学、畜产、园艺等 22 个方面。《北直农话报》明确以"振兴农业,开通民智"为宗旨。1935 年直隶高等农业学堂改为河北省立农学院后,又创办《河北通俗农刊》。第二,拍摄科普电影和开办广播电台。例如:1926 年东南大学与上海明星影片公司合作拍摄改良稻麦影片用于新品种普及推广。20 世纪 40 年代,金陵大学用成都广播电台传播农业科普知识。另外,一些农业专家依据多年的实践经验,向国民政府提出许多有价值的建议。

3.2 新中国成立后我国高等农业院校开展的农业科技服务

新中国成立后,我国高等农业院校坚持教学、科研、推广相结合原则,师生下乡传播、推广农业技术。特别是党的十一届三中全会以后,各高等农业院校在农业科技推广方面都进行了积极的探索和实践,不断创新推广内容和方式方法,形成了一些典型的服务模式:

3.2.1 开办农业推广专业或课程

20 世纪 80 年代,北京农业大学率先开办农业推广专业,并设立硕士、博士点,形成本硕博农业科技推广教学与科研体系。许多院校是先在农业和经济类专业开设农业推广学课程,之后再建立农业推广专业。2000 年国务院学位办设置了农业推广硕士专业学位,全国首批有 10 多所高校招收了农业推广硕士研

究生。1987年以后陆续出版了一些关于农业推广方面的教材、著作，如《农业推广教育概论》《农业推广学》《农业推广原理与技能》《现代农业推广学》等。农业推广专业培养了大批农业科技推广人才，为我国农业科技推广工作作出了一定贡献。农业科技推广类教材的编写，规范和丰富了农业推广学的内容，为农业科技推广提供了理论支撑。

3.2.2　开展咨询和信息服务

高等农业院校由于在人才、科技和信息等方面具有较强综合优势，可以在新品种选育、高产栽培技术、病虫害防治技术、测土配方施肥、作物营养调控、畜禽养殖、疫病防治、农产品加工储藏、农机具使用和农业工程设施配置等方面为农民和农业生产企业提供较全面的咨询服务，为各级政府的决策提供智力支持和服务。随着互联网的飞速发展，高等农业院校的社会服务会发挥越来越重要的作用。

3.2.3　建立农业示范基地

高等农业院校根据不同农业生态区域产业发展的需要，在农村创办了各类教学、科研示范基地来开展科技示范与推广工作。主要做法有：农业高校的科技人员带着技术和项目深入到示范基地，结合农业生产实际开展了各方面的科学研究，来培育新的品种，传播新的技术，向各界推广新的成果，同时，帮助政府制定农业标准化技术规程和产业化发展规划，开展多批次、不同形式的农民培训，引导和鼓励农民积极学习、尽量掌握新技术，并把新技术新成果应用到农业生产实践中，进而推动当地特色农业产业的发展。

3.2.4　与企业合作开发推广农业新技术

科技成果吸收、消化、使用的单位是企业，在市场经济条件下，科技成果推广应用的重要对象也是企业。高等农业院校可以通过市场机制推广转化技术成果，面向企业实行有偿服务，推动企业技术进步和农村经济发展。在与企业合作开发农业新技术和成果转化过程中，提高了企业的技术水平。有的高等农业院校也将科研成果、技术人员以及学校的无形资产参股农业企业，实现产学研相结合，促进了农业企业的发展。

3.2.5 配合产品开发推广新技术

为了提高推广服务效率,高等农业院校可以把已经物化为技术产品的成果,如优良品种、化肥、农(兽)药、植物生长调节素、农业机械、配合饲料、肥料、保鲜剂等转让给企业或者直接兴办经济实体,以销售产品的形式推广配套技术,做到"良种良法"相配套,实现产业化、商品化。调查显示,与农业科技推广部门、农业企业和农民协会相比,农民对来自农业高校科技成果的信任度最高。

3.2.6 开展农业科技培训

高等农业院校可以充分发挥师资力量雄厚、实验设备先进的优势,设立专门培训机构以服务农业产业化为目标,,与农业行业管理部门配合围绕"培训工程""星火计划""丰收计划""菜篮子工程""温饱工程""新型职业农民"等项目开展不同层次、不同内容、不同形式的农业科技培训工作,为农业农村培养致富能手、科技人才和管理干部,培养一批学科学、用科学的新型农民,培养一批懂技术、会管理、善经营的农民企业家,培养一批有头脑、有眼光、善组织的农村经济合作组织领头人,全面提高农村劳动者整体科技文化素质,加快新品种、新技术、新信息和新思维的推广步伐,实现丰产增收,促进农业产业化和地方经济发展。

4 吉林农业科技学院科技服务平台建设的探索与实践

多年来,吉林农业科技学院充分发挥科教优势,以推动粮食主产区和经济欠发达地区农村经济发展为己任,积极探索科技服务企业和地方的新途径、新形式和新方法,不断创新服务模式,完善服务功能,开展送科技下乡、在农村建立示范基地,农村实用技术培训、科技咨询和科技服务等科技活动,培育科技示范户和新型农民,因地制宜地推广新技术、新品种,主动为区域经济建设和社会发展服务,为乡村振兴服务。

4.1 农业科技服务平台的基本框架

高等农业院校科技服务平台是大学内部通过体制机制创新而建立的一种以科技、人才为依托,以市场为导向,以科技推广为切入点,以专业户、专业协会、龙头企业为结合点，以增加农民收入为目标的农业科技研发推广服务体系，主要开展农业科技研发和先进实用新技术示范推广，对促进农业科技成果转化具有重要的推动作用。主要包括科技研发、科技队伍建设和科技推广三个子平台。其中，科技研发平台是基础，科技推广平台是核心，科技队伍建设平台是支撑，三者相互联系，相互支撑。

4.1.1　农业科技服务体制机制创新

建立高等农业院校科技服务创新体系，是我国农业和农村经济发展进入到新的历史阶段的必然选择，是大学产学研发展的必由之路。建立科学、合理、高效的运行机制是确保高等农业院校科技服务的重要保障。高等农业院校应根据自身的办学定位和特色确立正确的办学指导思想和办学宗旨，创新农业科技服务体制机制，这是农业科技服务平台建设的前提和基础。只有在正确的办学指导思想的指导下，高等农业院校才能建立科学、合理、高效的科技研发、推广管理体制，创新适应我国现代农业发展需要的科技服务运行机制和模式，才能增加科技投入，调动科技人员的积极性和创造性，有效地组织科技人员开展科技研发和科技推广工作，提高为区域经济发展服务，为"三农"服务的工作效率。

4.1.2　科技研发平台

科技研发平台主要包括硬件和软件两部分，硬件主要是指高等农业院校通过自身投入和积极争取各项专项经费，改善科研条件，提高科研的精确度，软件是指学校或科技人员争取的各级各类横向、纵向科研项目，组织科研人员保质保量完成这些科研项目，并取得一定的科研成果。其中硬件建设是基础。

4.1.3　科技推广平台

科技推广平台主要是指高等农业院校通过机制创新鼓励科研人员深入农业、农村，依据农业区域特点、生态条件、产业发展规模和特色，结合农业产业发展规划和原产地域产品保护，建立综合性、专业性的农业科技示范基地，为农民作出技术示范，使农民尽快学习和掌握农业先进实用技术，扩大新成果、新技术的推广范围。农业示范基地发展到一定规模，应逐步向市场过渡，实行企业化管理、市场化运作的现代管理制度，解决示范基地的后示范问题，促进示范基地的可持续发展。

4.1.4 科技队伍建设平台

一是加强现有科研人员队伍建设,采取脱产培训、攻读学位和境内外访学等形式提升现有科技人员的素质,创造公平、宽松的学术环境,建立人才激励、合作竞争的有效机制,鼓励科技人员深入农业农村开展应用研究和科技服务;二是建立高等院校、科研机构、企业联合培养农业科技人才和协同创新机制,促进产学研的紧密结合;三是引进国内外高层次科技人才充实到重点学科,及时引进和消化吸收国内外的先进技术成果,提升农业生产科技含量和现代化水平。

4.2 科技服务的探索与实践

自 1987 年以来,吉林农业科技学院一直坚持不懈地开展科技服务新农村工作,根据不同农业生态区域和产业发展需要先后在吉林省四平市、长春市、吉林市、通化市、白山市等县区建立水稻、玉米、果树、食用菌、中草药、梅花鹿、毛皮动物等试验示范基地 30 余个,形成了以吉林为中心,面向全省的庞大技术示范推广网络。

4.2.1 师生深入农村推广农业生产技术

自 1986 年开始,吉林农业科技学院就组织专家、老师和学生在双辽开展"水稻绿优米开发与配套技术推广"工作,开发水稻 25 万亩(1 亩 ≈ 667 平方平),创纯经济效益 3.2 亿元,研发"金沟"牌绿色大米,获国家"A 级"绿色食品证书。这个项目荣获省科技进步二等奖。30 多年来,学院师生始终坚持把双辽作为我院的帮扶对象,坚持不懈地开展科教兴农工作。2000 年以前主要是帮助双辽开发水稻,2000 年后,以提升绿优米产量、选育花生品种,推广畜禽养殖、蔬菜栽培技术,培训村干部、帮扶农业职业教育为主,全方位开展科教兴农工作。2002 年以后,学院又与九台、吉林两市合作,进一步扩大科教兴农范围,扶植一批种养大户,为区域经济发展和全面建设小康社会作出应有的贡献。

4.2.2 通过校内基地带动和示范推广新品种、新技术

以科学发展观为指导,以促进现代农业发展和农民增收为目标,采用组织培养、生物技术、标准化生产、无公害防控等技术,引进长白山主要特色动植物

资源,建立一个占地 100 多公顷,包括食药用菌、北方道地中草药、特色蔬菜栽培和特种动物养殖的优质、高效、安全、环保的高效特色农业科技示范基地。引进(培育)优良品种,集成先进技术,制定生产标准,转化科研成果,培养(培训)实用人才,开展技术和信息服务,经过多年的努力,实现企业孵化、科技创新、人才培养、农民培训和科技推广于一体的功能。达到用现代经营形式推进农业,用现代发展理念引领农业,用现代物质装备农业,用现代科技改造农业,用现代产业体系提升农业的目的,提高特色养殖、种植业在现代农业中的地位和作用,全面提高农业生产过程的科技含量和农特产品质量,增加了农民收入,保护了生态环境,为服务社会主义新农村奠定了基础。

在校内建有种植面积约 20000 平方米的蔬菜栽培基地,开展保护地栽培技术研究,引进日本结球莴苣,开展栽培技术研究。并在吉林市昌邑区二家子暖泉子村、乌拉街镇刁家村、富尔村和蛟河市天岗镇窝集口村进行推广约 200 亩(13.3 公顷)。

在校内建设一个占地 10 公顷,拥有 600 余种北方常用中草药的资源圃,其中包括长白山濒临灭绝的药用植物,如手掌参、三花龙胆、红景天、小白花地榆、淫羊藿等 30 余种,为吉林地区农民的引种和栽培提供了种源,为吉林省生态保护奠定了基础,达到了保护长白山药用植物种源的目的。建设一个占地 20 公顷的北方常用中草药 GSP 生产基地,种植刺五加、龙牙葱木、五味子等 20 余种中草药,为农民提供中药材无害化栽培、采收、加工和储存等环节的标准化生产规程和技术服务。系统开展了野生玉竹驯化、栽培技术研究和新品系选育,培育出新品系 Dy001。Dy001 玉竹实施标准化栽培后,产量提高 30%,玉竹多糖含量为 8.05%,远远高出药典所规定的含量。

在九站校区建有约 60 公顷的玉米、水稻、大豆三大作物育种基地,并系统开展农作物病虫害防治技术的研究,出版玉米、水稻有害生物原色图谱 2 部。玉米、水稻育种工作也取得阶段性成果。

4.2.3 通过培训农民推广新技术及新品种

"碧香无核葡萄"是我校自己培育的一种葡萄新品种,已通过吉林省农作物品种委员会审定,该成果填补了我省早熟无核葡萄品种的空白;学校以这个项目为龙头,以培训学员示范为载体,在磐石市吉昌镇,丰满区江南乡、榆树五棵树镇、公主岭大岭镇、德惠五台子镇、长春 27 中、梅河大湾镇等地推广 40 多公顷露地栽培以及 117 栋日光温室、大棚栽培,农民经济受益显著。

4.2.4 通过科技特派员指导农业生产

选派果技专家带领师生对永吉县金家乡万亩果园进行改造,指导高接 100 公顷,低改 200 公顷,并进行土、肥、水规范化管理,建立病虫害预测预报防治体系。在吉林市船营区越北镇进行葡萄套袋栽培技术、无公害技术研究推广共 170 公顷,创效益 400 万元,创立沙河子无公害葡萄品牌。

2000—2004 年选派食用菌专家带领师生在吉林市各食用菌基地成功驯化了金毛鳞伞、花脸蘑、榆耳、松杉灵芝、田头菇等多个吉林省特有品种。在天麻有性繁殖推广工作中,由于萌发菌的成功选育,使敦化市明星食用菌公司获利 500 万元。2001—2005 年选育的黑木耳菌株"F1""F2"使吉林市 汇丰食用菌科技开发有限公司获利 150 万元。2003 年开始对黑木耳、灵芝等菌种进行系统选育,获得了几个适合吉林地区栽培的优良品种,同时对其标准化栽培技术进行了深入细致的研究,掌握了影响黑木耳、灵芝等生物转化率的关键环节。制定"绿色食品 黑木耳固态菌种"等 5 个地方生产标准,2007 年 10 月实施 ,为全省黑木耳产业的标准化生产提供了技术依据。作为技术依托单位,积极帮助黄松甸镇研究食药用菌产业持续健康发展的对策和措施,受到好评。目前正致力于食药用菌优良菌株的选育和标准化生产技术、深层发酵工艺和功能性产品开发方面的研究,以使我省食药用菌生产技术实施标准化,从而提高吉林省的食药用菌产品档次,提升市场竞争优势,使吉林省的食药用菌产业向着持续健康的方向发展。

我省是经济动物养殖的发源地,有适合经济动物养殖的自然条件、社会环境和技术优势。但近几年来,我省经济动物产业发展很慢,受市场波动的影响较大,养殖户承担的风险也较大,因此,影响了养殖的积极性和整个产业的发展。我院是特产人才培养的基地,经济动物养殖方面的科研技术力量比较强,有引领经济动物产业发展的责任和义务。多年来,我们承担了鹿营养需要研究、鹿人工授精技术研究、野生狍人工驯养、毛皮动物高效养殖技术示范等多项课题,先后选派科技特派员扶持多个养殖大户。

4.2.5　通过成立研究院(中心),助力乡村振兴

2018 年,为贯彻落实《中共中央 国务院关于实施乡村振兴战略的意见》精神,学校制定了《吉林农业科技学院乡村振兴战略行动计划》,分别与吉林省农民专业合作社联合会(吉林省中实农业投资有限公司)、吉林省后爱健康产业有限公司、长春市大富农种苗科贸有限公司、吉林云耕农业股份有限公司联合成立了"吉林省乡村振兴发展研究中心""吉林农业科技学院人参研究院""吉林农业科技学院西瓜甜瓜研究院""吉林省道地食材数字化标准研究中心"和"吉林省农民商学院" 5 个研究院(中心),成功召开助力乡村振兴工作推进会,校企双方围绕着校企合作、产教融合、乡村振兴、企业需破解的技术难题等进行了深入研究与技术推广。21 名教师获聘 12582 三农综合信息服务平台专家。

4.2.6　通过精准扶贫,助力乡村振兴

学校承担了两个乡镇的精准扶贫任务,选派工作能力较强的干部任第一书记,组建精干的科技扶贫团队到所在村开展精细的摸底工作,并以科技扶贫为主线,通过专项科研立项,解决贫困村的科技问题,取得较好的扶贫效果。

第五章 搭建新型农民培训平台，
助力乡村振兴战略实施

《中共中央 国务院关于实施乡村振兴战略的意见》提出按照产业兴旺、生态宜居、乡风文明、治理有效、生活富裕的总要求，加快推进农业农村现代化，走中国特色社会主义乡村振兴道路，让农业成为有奔头的产业，让农民成为有吸引力的职业，让农村成为安居乐业的美丽家园。要实现乡村振兴这一宏伟目标，就必须加强农民培训和农村人力资源开发，全面提高我国农民的思想道德素质和科技文化素质，培养一大批觉悟高、有文化、懂科技、善经营的新型职业农民。

本章以我国新型职业农民培训为研究对象，系统地探讨和总结国内外农民培训的基本经验和存在的主要问题，结合吉林农业科技学院新型农民培训的实践，提出了搭建新型农民培训平台，助力乡村振兴战略实施的建议，对丰富我国农业教育及其理论体系，为政府和相关组织机构开展农民培训活动，推动农业现代化和农村经济社会的可持续发展，不断提高农民综合素质，增加农民收入提供了理论依据和对策建议。

1 新型职业农民培训的意义

1.1 培育职业新型农民是乡村振兴的迫切需要

新型职业农民是指生活在中国特色社会主义新时代"有文化、懂技术、会经营"的农民的总称，新型农民是乡村振兴的主体。但改革开放以来，大部分农村青壮年劳动力外出打工，农村留守的劳动力老弱病残较多，有一定文化程度、能够熟练掌握科学技术和经营管理能力的农民不多，成为制约乡村振兴战略实施的短板。为此，党中央在《中共中央关于制定国民经济和社会发展第十一个五年规划的建议》中明确提出要"培养有文化、懂技术、会经营的新型农民，提高农民的整体素质"。2018 年中央一号文件和党的十九大报告又进一步强调要"培养新型职业农民"。可见，培养新型职业农民是党中央着眼于经济社会发展全局与乡村长远发展需要而采取的重大战略举措。

1.2　培育新型农民是城乡融合发展的必然要求

马克思认为城乡融合是社会发展的必然趋势，是城乡发展的终极目标。中国在现代化进程中，始终把如何处理工农城乡关系作为工业化和城镇化建设的主题和主线。从党的十六大报告提出的"统筹城乡经济社会发展，建设现代农业，发展农村经济，增加农民收入，是全面建设小康社会的重大任务"，党的十七大报告的"建立以工促农、以城带乡长效机制，形成城乡经济社会发展一体化新格局"，到党的十八大报告明确的"城乡发展一体化是解决'三农'问题的根本途径，要加大统筹城乡发展力度，增强农村发展活力，逐步缩小城乡差距，促进城乡共同繁荣"，再到党的十九大报告进一步要求的"坚持农业农村优先发展，按照产业兴旺、生态宜居、乡风文明、治理有效、生活富裕的总要求，建立健全城乡融合发展体制机制和政策体系，加快推进农业农村现代化"，标志着解决工农城乡发展问题是中国共产党长期坚持不懈研究的重点问题，中国特色社会主义工农城乡关系进入新的历史时期，城乡融合是实现乡村振兴的有效途径。城乡融合发展，产业结构不断调整和升级，必然要求农民素质不断提高。

1.3　培养新型农民是建设现代农业的客观要求

我国农业正在从传统农业向现代农业转型升级，传统农业主要是依赖资源的投入，以自给为主、以土地为基本生产资料、以农户为基本生产单元的一种小农业，而现代农业则是依赖新技术的投入、以市场为导向的技术密集型产业。现代农业的主要特点有三：一是信息技术得到广泛应用；二是重视对生态环境的保护；三是实行产业化经营。要发展现代农业，首先要构建现代农业产业体系，促进农业产业化发展，提升农业劳动生产率，因此，先进的科学技术是现代农业发展的关键要素，是现代农业的先导和发展动力。近年来，虽然我国农业生产的基础设施和技术装备水平得到明显改善，全国农业科技进步贡献率由2012年的53.5%上升到2017年的57.5%，但依然低于发达国家及世界平均水平（76%），其主要原因之一就是支撑我国现代农业发展的人才不足，农民文化水平和综合素质普遍不高，掌握和运用先进农业科技的能力不强。因此，要发展现代农业，实施乡村振兴战略，就必须培育造就有文化、懂技术、会经营的新型农民。

1.4 培育新型农民是农村新产业、新业态发展的需要

发展农村新产业、新业态既是农业供给侧结构性改革的重要内容，也是促进乡村振兴的有效手段。随着物联网、大数据、云计算等信息技术在农业现代化进程中的广泛应用，传统农业的生产方式和经营方式也发生一定变化，农村电子商务、互联网＋的广泛应用，推进了农业与旅游、健康、文化、教育等产业的深度融合，从而促进了农村新业态的发展，拓展了农业产业链和价值链，实现了农业增产增值。农村的新产业、新业态发展最终要靠新型农民来推进，通过培养新型农民可有效提升他们的职业能力、创新创业能力。

1.5 培育新型农民是增加农民收入的重要途径

增加农民收入，使广大农民由温饱而进入小康，是乡村振兴的基本出发点和落脚点，是带有根本性、全局性、政治性的历史任务。农民的就业难、收入低的一个主要原因就是农民的文化程度和综合素质较低。因此，必须把农村人力资源开发放在第一位，作为解决农民增收低、就业难的关键。通过开展各种形式的农业实用技术和创新创业培训，一方面能提高农民的科学文化素质，使他们能够较好地掌握先进科学技术；另一方面能转变农民的思想观念，增强农民自主创新能力，从而优化产业结构，转变增长方式，实现农业增产增效。因此，开展农业科技培训是培育农民新的增收增长点、拓宽农民的就业空间和增收渠道的重要途径。

2 国内外研究动态

2.1 国外研究动态

从国际范围来看，世界各国都很重视农民教育问题，也取得了许多理论与实践成果。

马克思、恩格斯从促进人的能力发展的角度，阐述了农民教育的重要性，认为农民是农业生产的主体，要使农业发生转变，必须注重对农业主体的改造。列宁把普及农村文化教育、解放和发展农村生产力看作是那个时代的主要任务之一。

英国经济学家舒马赫认为教育在农村发展中具有重要地位和作用。苏联教育家苏霍姆林斯基认为农村教育工作的重要目标是培养学生从事农业劳动的志愿。美国经济学家舒尔茨研究发现促使美国农业增产和农业生产率提高的重要原因是农民的知识、能力和技术水平的提高，受过教育的农民其产出和收入要比没受过教育的农民高很多。因此，他认为人力资本是农业增长的主要源泉，人力资本理论是改造传统农业的关键。美国著名经济学家 Van Crowder 认为，消除贫困的关键因素是农业教育，国家应当重视建立健全农民技术培训体系。Rogers 认为，教会农民如何在出现生产问题时采取正确的处理方法是培训的重点，培训后的农民应学会如何管控生产，而不仅仅是识别杂草和病虫害。

2.2 国内研究动态

熊新山认为农业劳动者素质低下和农业科技人才匮乏是制约我国农业现代化进程的重要因素，应当把农业教育与人才培养作为发展农业产业化的基础工作来抓。岳远尊认为农民是推动农业、农村经济社会发展的内在动力，培育新型农民，是解决好"三农"问题的关键。徐新林认为新型农民素质状况决定着新农村建设成败，建设新农村必须把培养新型农民放在首位。韦云凤提出要构建由政策支持体系、组织管理体系、培训模式体系、教学计划体系等构成的新型农民培训体系。吕莉敏认为当前有关新型职业农民教育培训的研究存在点多面广、主题不够集中、不够系统等问题，研究的深度还有待加强，多数研究缺乏对多学科知识的综合运用。谭运宏认为要加大对农民教育的投入,建立以政府投入为主体,多渠道并存的农民教育投入体系。中共中央国务院印发的《乡村振兴战略规划(2018—2022年)》提出全面建立职业农民制度,培养新一代爱农业、懂技术、善经营的新型职业农民,优化农业从业者结构。实施新型职业农民培育工程,支持新型职业农民通过弹性学制参加中高等农业职业教育。创新培训组织形式,探索田间课堂、网络教室等培训方式,支持农民专业合作社、专业技术协会、龙头企业等主体承担培训。国务院《关于印发国家职业教育改革实施方案的通知》(国发〔2019〕4号)强调,落实职业院校实施学历教育与培训并举的法定职责,按照育训结合、长短结合、内外结合的要求,面向在校学生和全体社会成员开展职业培训。提出自2019年开始,围绕现代农业、现代服务业、先进制造业、战略性新兴产业,推动职业院校在10个左右技术技能人才紧缺领域大力开展职业培训。宫政通过对2012—2018年相关研究的核心期刊论文进行共词分析,发现新型职业农民培育研究热点主要集中在以下六个领域:乡村振兴战略下新型职业农民培育策略,供给侧改革背景下新型职业农民培训,城镇化进程中新型职业农民培育的困境,新型职业农民培育的经验与机制,新型职业农民培育的职业教育责任与策略,新型职业农民的培训意愿及其影响因素。苏州农业职业技术学院基于职业生涯选择、产业体系转型和生产技能提升的多重需求,将新型职业农民培养与现代农业产业发展和高职院校教学改革相融合,采用三种培养路径,定向培养青年职业农民、新型农业经营主体和新型农业生产者,形成了"校地联动、教产衔接、开放共享、终身学习"的培养新型职业农民的苏南模式。重庆市农业广播电视学校黔江区分校探索出了一条"学校培训+专家指导+平台服务"三位一体的助力乡村振兴的新路,增强了培育新型职业农民效果。山东省莒县以县农业广播电视学校为主阵地,依托现代农业园区、农民合作社、农业龙头企业、家庭农场、农业科技示范基地等建设一批集技术指导、实践实训、科技创新、试验示范为一体的高标准实训基地,采用"三课堂、一跟踪"培育模式,构建了"一主多元"的培训体系和"三位一体"培育机制,为乡村振兴提供了人才支撑。

3 我国农民培训的基本经验和主要问题

改革开放以来，我国坚持面向"三农"的工作方针，坚持农科教结合的发展方向，开展了多层次、多渠道、多形式的农民培训工作，初步形成了农民科技培训网络，使我国农民科技培训工作逐步规范化和制度化，培养了一大批农民技术骨干，为提高农民的科技文化素质，推动农业新技术、新品种、新成果和新方法的广泛应用，促进农业和农村经济社会的发展作出了重要贡献。

3.1 我国农民培训工作的基本经验

3.1.1 我国农民培训的体制机制

我国实行的是由国家农业主管部门垂直领导，多元教育培训机构广泛参与农民培训的体制机制。政府主导把农广校和农业技术推广机构的资源进行整合，发挥各教学主体的技术和人才优势，建立农民培训的主渠道；农业教育与普通教育结合，创建农民培训基地，实现教育资源共享；农业、教育、妇联、共青团等各级组织力量分工协作、密切配合，共同承担农民培训任务。

3.1.2 我国农民培训的主要特点

加强农民培训工作规划，建立目标责任制，精心组织，层层落实。培训工作体现"三结合、三突出"特点，即基础知识和专业知识相结合，突出专业知识；传统产业和新兴产业相结合，突出新兴产业；理论教学与实践教学相结合，突出实践教学，着重提高实际操作能力。根据广大农民怕担风险而善于模仿的特点，在实施农民培训的过程中，通过对从事种植、养殖、加工等方面的典型进行重点扶持，发挥其典型示范和辐射带动作用，进一步放大了培训效果。

3.1.3 我国农民培训的资金投入

自1999年中央财政拨出专项资金开展青年农民培训工作以来，国家和地方每年都投入大量资金开展农民培训，有效保证了农业培训工作的顺利开展并取得了较好的培训效果。

3.2 农民培训存在的主要问题

3.2.1 领导职责不明晰

农民培训工作，既可以说是科技、成教部门的工作，又可以说是农业部门的工作。领导机构不统一直接造成农民培训的职责不明确,有的地方出现了农民培训大家都可以抓,也都可以不抓的局面。

3.2.2 管理机构不健全

过去,许多部门都开展农民培训,如妇联系统的农村妇女培训,农委系统的村支部书记培训,农业部、财政部、共青团的跨世纪青年农民培训、农民绿色证书培训等。这些培训对提高农民的素质和技术水平都起到了一定的作用。但由于部门之间缺乏有效的联系和沟通,使农民培训存在缺乏长远的规划、培训内容带有一定的盲目性、培训对象和培训内容在低水平重复、培训资源浪费或不足、培训管理跟不上、培训效果不明显、跟踪服务不到位等一系列问题,在一定程度上影响了农民培训的效果和农民参加培训的积极性。

3.2.3 经费来源不稳定

农民培训需要政府有专门的资金保障和社会各界的支持。过去政府对农民培训无固定的经费来源和投入,哪一个部门争取到经费,哪一部门就组织培训;什么时间有经费,就什么时间开展培训,从而导致培训缺乏计划性,对于一些急需培训的内容或人员,往往由于经费不能落实而无法及时接受培训。

3.2.4 培训基地不完善

由于农民培训缺乏规划性,各级组织机构又带有极强的本位主义,因此,有些培训往往是走过场,而没有真正建立条件达标的教育和培训基地,教育和培训基地不确定和分散的状况,使本来有限的经费和教育培训资源分散使用。一方面导致一部分基础条件良好的基地设备、设施以及师资闲置,不能得到充分利用;另一方面培训基地重复建设,使本来有限的投入分散使用。

4 国外农民培训经验

4.1 国外农民培训的主要模式

从世界范围来看,无论发达国家还是发展中国家,都普遍重视农民的教育培训,不少国家已形成制度化和规范化。一些国家成立专门的管理机构组织农民培训,在政府和社会的大力支持下,依靠法律、政策、机制和政府投入保证农民培训工作得到落实,农民培训事业也健康稳定发展。各国的农民培训模式主要有以下 3 种。

4.1.1　东亚模式

东亚模式适合于人均耕地面积低于世界平均水平、难以开展大规模土地经营的国家和地区。以日本、韩国为代表。通常采取政府为主导，不同层次和类型培训主体参与的多层次、多方向、多目标的农民教育培训模式，并通过国家立法作保障。

日本农业教育分五个层次，即大学本科教育、农业大学校教育、农业高等学校教育、就农准备校教育和农业指导士教育，且各个层次的培训对象、培养目标都不同。大学本科教育一般由综合性大学和高等农业院校来完成，培养目标是培养农业高科技人才、学科带头人和教学人员，毕业生一般不直接从事农业生产和经营。农业大学校教育相当于我国的农业大专和中专教育，培训对象是新规就农者。农业高等学校教育相当于我国的农业职业高中教育，培训对象是初中毕业生，培养目标是培养应用型农业人才。就农准备校教育也是新规就农者教育的一种重要形式，培训对象是城市在职人员或失业人员、大学毕业生，培训内容主要是农业技术知识。新规就农者在接受农业大学校教育或就农准备校教育培训后，还须根据需要到当地具备农业指导士资格的农民家中接受指导和研修。此外，日本的农业改良普及所也为农民提供季节性进修，内容有新技术推广、增进农民健康长寿和后继人才培养等，时间一般为 3 年。

韩国的农民教育分三个层次，即"四 H"教育、农渔民后继者教育和专业农业教育。"四 H"是大写英文字母的简称，是引进美国以及我国台湾地区的一种面向农村青少年的农民教育形式，培养目标是使农民具有聪明的头脑（Head）、健康的身体（Health）、健康的心理（Heart）和较强的动手能力（Hand）。农渔民后继者教育是专门为农业后备劳动者提供的技术培训，注重对农业后继者的精神教育和技术培训，并提供技术诊断、农产品销售、经营管理和海外研修等服务。专业农业教育是在后继者教育的基础上开展的，重点培养和扶持具有较高产业化经营管理水平、具备国际市场竞争实力的专业种养殖大户，是韩国面对国际市场竞争所进行的更高层次的农民教育。

4.1.2　西欧模式

西欧模式适应以家庭农场为主要经营单位进行农业生产的国家和地区，以英国、法国和德国为代表,是政府、学校、科研单位和农业培训网共同参与,通过普通教育、职业教育、成人教育等多种形式实施的农民培训模式。

英国的农业高度发达,农业劳动生产率和农业经济效益居欧洲之首。英国的农民职业教育与技术培训以农业培训网为主体,辅以高等学校及科研与咨询机构,形成高、中、初三个教育层次相互衔接,学位证、毕业证、技术证相互配合,正规教育与业余培训相互补充,分工相对明确、层次较为分明的农民职业教育与技术培训体系。政府通过制定相关法规和培训计划、设置专门机构支持和开展农民培训。为了加强农民职业教育与技术培训,政府于1982年颁布了《农业培训局法》,1987年又进行了修改和补充。此外,政府还不定期地开展调查研究,针对农民培训中存在的问题及时制定改进措施,通过建立严格的奖励和考核制度,保证培训的质量和效率。1987年,英国政府设立了"国家培训奖"奖励在农民技术培训中成绩突出的单位。培训组织机构和部门也十分重视培训教师或辅导员的选聘,除学院教师和研究咨询部门的科技人员外,还聘请农业生产一线具有丰富实践经验的人员任教。培训考试制度也十分严格,学员考试合格后才发给"国家职业资格证书",政府还成立职业资格评审委员会加强监督检查,以避免乱发职业资格证书。目前,英国有200多个农业培训中心,每年约有30%的农业劳动者参加不同类型的农业技术培训,受基础教育的农村毕业生4/5的学生须参加2年以上的不脱产农业培训。

法国政府规定农民必须接受职业教育,取得合格证书后方才具备经营农业的资格和享受国家的农业补贴和优惠贷款。法国农业教育可划分为高等农业教育、中等农业职业技术教育和农民职业教育三个层次。高等农业教育包括2年制的高等技术教育、4~5年的工程师教育和6~8年的研究生教育。中等农业职业技术教育是培养具有独立经营能力的农业经营者或具有某项专门技术的农业工人。农民职业教育的培训对象是农民,培训目标既接近实际又具有前瞻性,不拘形式,讲求实效。培训时间有2种,短期培训一般20~120小时,目的是丰富农业生产者的知识和能力;长期培训一般在120小时以上,目的是使没有受过农业教育或不掌握农业经营知识的农民,获得经营农业所必需的基础知识,或使受过一定农业教育的农民进一步提高生产经营管理水平,取得相应的技术等级证书。目前,法国有900多所农业院校,在校学生17万多人,每年接受职业培训的农民达 10 多万人。

德国农民培训由农牧渔业部统一管理，培训机构呈现多元化趋势，包括官方培训机构、专业协会下属的培训机构、合作社以及教会系统的职业培训机构等。德国的联邦教育法和就业法规定农业从业者须经过不少于 3 年的正规职业教育才能上岗，在农场还要经过 3 年的学徒期。学徒期按规定要参加职业培训和参加行业统一的资格考试，拿到绿色证书才允许独立经营农场。德国农业职业教育的显著特点是实行"双轨制"，保证了学生应具备的实践能力和分析问题与解决问题的能力。德国政府每年参考各培训机构制定的培训计划，将农民培训经费纳入财政预算并根据财政政策专款下拨，另外，通过立法，由企业和个人以纳税形式交纳培训费，以保证农民培训经费来源稳定。

4.1.3　北美模式

北美模式适应以机械化耕作和规模经营为主要特点的国家和地区，主要代表国家为美国。是以农学院为主导，农业教育、农业科研和农技推广三者的有机结合，以提高农民整体素质。

美国农业教育的核心体在于农业科教体系的建立和完善。联邦政府农业部设有农业合作推广局，各州设有农学院、农业试验站和农业推广服务中心，各县设有农业推广站和农业推广顾问委员会。各级政府设专款资助农业推广服务体系建设，财政支出逐年增加。农业部和农学院共同领导农业科技推广工作，农学院统管全州的农业教育、农业科研和农业推广工作。各级政府建立了大量的农业科研机构，配备相当数量和质量的农业科技人员。农学院、农业试验站、农业推广站之间紧密联系在一起，农学院有约 1/3 以上的教师参加试验站的研究工作，试验站有约 60% 的研究人员兼有农学院的教学任务。此外，全国有约 5 万个农村俱乐部，帮助农村青年掌握各种专业技术，提高他们的农业生产和经营管理能力。全国有 3500 所中学开设农业职业教育课，约有 1/3 的高中学生选修农业职业教育类课程。充足的资金和丰富的人才优势保证了美国的农业教育培训健康发展，农民整体素质不断提高。

4.2　国外农民培训模式的特点

尽管东亚模式、西欧模式和北美模式的发展历程、表现形式和实施区域有

所差异,但从本质上看,三种模式也呈现出一些基本的共同特征:

4.2.1　农民培训管理法制化

国家立法保证三种模式的健康发展,内容涉及农民培训的方方面面。如日本先后颁布的《社会教育法》《青年学级振兴法》等;韩国的《农渔民后继者育成基金法》和《农渔民发展特别措施法》;英国的《农业培训局法》;美国的《史密斯－休斯教育法》;德国的《职业教育法》。农民培训的法制化是这些国家农民培训事业得以迅速发展的根本保障。

4.2.2　农民培训体制科学化

尽管各国培训主体存在一定的差异,但都形成了以政府为主导,以农业院校为基地,社会各界广泛参与,农业教育、科研、推广相结合的农民培训体制。培训主体包括各级农业科技教育培训中心、中高等农业院校、行业协会、教会、企业、经济合作组织及各类民间培训服务机构。各国还建立了比较完善的农业技术推广服务体系和农业远程教育网。各培训主体分工协作,保证了农民职业教育和培训工作顺利进行。

4.2.3　农民培训方式多样化

各国农民培训方式及课程的设置呈现出多样化发展趋势。主要表现为:一是各国农民培训机构除开设与农业科学知识相关的专业课程外,还根据本地区农业的特点以及农业发展和农村经济结构的需要开设课程,这些课程具有较强的实用性、科学性和灵活性。如韩国的"四 H"教育和德国的"双轨制"等。各国农民培训形式也日趋多样化,既有多类型、多层次的中等农业教育和高等农业教育,也有时间不等的各种类型培训和农业推广教育。教育形式也各有不同,如基础农业培训、改业培训、专业培训和晋升技术职称培训等。

4.2.4　农民培训投入规范化

规范的财政投资体系和稳定的资金投入渠道是保证农民培训的重要因素。如,英国农民培训经费的 70% 由政府财政提供,德国农民教育投资占国家教育投资的 15.3%,美国财政每年用于农民教育的经费达 600 亿美元。各国在注重发挥政府拨款主渠道作用的同时,也十分注意多方面筹集经费。如英国曾采用集资的方式解决农村普及农业教育的经费问题;法国政府在对农业进行补助扶持的同时,还拨出专款支持农业科学研究与技术推广工作。同时,直接对农业教育进行大量投资。日本战后对农业进行直接投资,给予长期低息贷款,在农业教育上也投入了大量的人力与物力。韩国农渔民后继者可以申请培养基金贷款。

4.3　国外农民培训模式对我国农民培训工作的启示

4.3.1　建立健全农民培训的法律体系

建立健全具有中国特色的农民培训法律体系是我国农民培训工作的重要保障。我国是农业大国,14 亿总人口中有 8 亿多在农村,农村人口多,文化素质低是基本国情,我们必须正视并重视这一问题。为确保农业持续增产增收,必须加强农民教育培训,努力提高农民的科学文化素质,而且要把农民培训作为一项基本国策长期坚持下去,才能收到较好的效果。应尽快立法,保障农民培训,各级地方政府也要根据实际情况制定相应的规章制度,保证农民培训顺利开展,逐步形成具有中国特色的农民培训法律体系。只有这样,才能促进我国农民培训工作步入法制化、规范化的轨道,使农民培训工作健康、有序、稳步地发展。

4.3.2　建立健全农民培训的教育体系

建立健全农民培训教育管理体系是我国农民培训工作的前提基础。和发达国家比较,我国农民培训教育管理体制和运行机制还存在一些问题,如培训主体不清;培训资源分散,培训基地条件和师资力量参差不齐,难以满足乡村振兴对新型职业农民培训的需要;适应培训需求和市场规律的运行机制还没有完全建立,等等。因此,要创新管理体制,优化运行机制,建立健全"政府主导,教育、科技行业部门为主,企业和农业合作组织广泛参与,各部门分工协作"的农民培训管理体制和运行机制,进一步整合社会培训资源,发挥各级各类教育和职业培训机构在农民培训工作中的重要作用。

4.3.3　建立健全农民培训的投资体制

建立健全投资体制是更好地开展我国农民培训工作的根本保证。目前,我国农民培训经费以各级财政投入为主,社会力量投入为辅,但县市级财政和社会力量投入十分有限,因此,目前我国各地农民培训条件参差不齐,多数县市一级的农民培训都存在基础薄弱,设施落后,师资匮乏等问题,严重影响了农民培训的效果。农民培训是一项利在当前、功在千秋的公益事业,是一项关系到增加农民收入,促进农村经济社会发展,实现全面建设小康社会宏伟目标的重要战略举措。因此,各级政府建立健全以国家财政拨款为主,以用人单位、培训对象适度补贴为辅的农民培训投资体制和培训成本分担机制,把农民培训经费列入财政预算,以保证农民培训工作的需要。要制定相关政策,鼓励大中型企业投资农民培训,鼓励农民培训机构采取多种方式吸收社会资金,筹措培训经费,提倡受训农民合理负担一定的培训经费。同时,还要充分利用"绿箱"政策,增加农民培训投入,改善农民培训条件,提高农民培训质量。

4.3.4　建立健全农民培训的教学体系

建立健全科学的农民培训教学体系是我国农民培训的关键。发达国家的经验表明:不论是哪个层次或哪种类型的农民培训,其培训的教学体系都注重教学内容理论性与实践性的紧密结合,知识的系统性与应用性的紧密结合,培训效率与效果的紧密结合。培训方式以实践应用为主,理论讲授为辅,且实践贯穿于整个培训全过程中,农民培训的着力点真正落实到提高受训农民的技能和能力上。例如,英国、法国、德国的农民培训一般是农民每周上 1～2 天课,其余时间参加农业生产;日本则继承了传习农场的传统,十分重视通过实践学习农业技术和经营方法。即使在农业大学校里,课堂讲授所占的比重也仅为 20%～30%,而讨论或实习为 70%～80%。我国农民培训在这方面还存在较大差距,因此,要科学地构建培训教学体系,合理地选择培训方式,努力增强我国农民培训的针对性和实效性,不断提高受训农民的实践技能和综合能力。

4.3.5　建立健全农民职业资格证书制度

建立健全农民从业职业资格证书制度是做好农民培训工作的有力抓手。目前,我国一、二、三产的很多生产领域都缺乏明确的从业标准和准入制度。在这些产业领域工作的农民整体素质不高,且相当比例的农民没有接受过科技培训或职业技术培训,他们所具有的知识、技能难以适应工作岗位的需要。因此,各级政府要尽快制定相关产业的从业标准和准入制度,进一步规范从业人员的素质要求,不断完善我国农民职业资格证书制度,推进我国农民培训工作,保证受训农民的从业资格和合法权益。

5　搭建新型农民培训平台,助力乡村振兴战略实施

高等农业院校拥有雄厚的师资力量和良好的教学条件,在农民培训方面有其他部门无法比拟的优势,吉林农业科技学院多年来不断创新农民培训方式,农村实用人才培训和创业人才培植工程取得较好的培训效果,2006年获吉林省优质人才项目二等奖。

5.1　新型农民培训平台的基本框架

成立新型农民培训组织机构,建立健全新型农民培训实践基地,培养一支适合新型农民培训的师资队伍,针对不同培训对象所在区域农业产业结构特点和农民需要的实际制定科学的培训方案,采取不同的方式有针对性地开展不同内容的培训,并根据农民对知识和技术应用的程度反馈培训效果,及时对培训内容、方法手段进行改革,突出培训内容的针对性和培训方式的灵活性。培训平台构成及运行模式如图5-1所示。

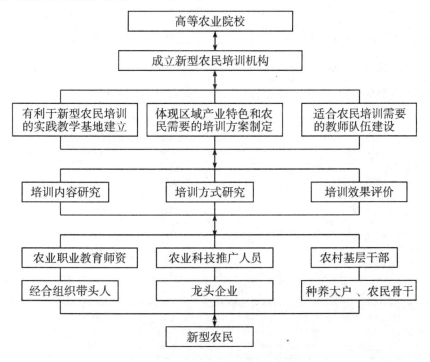

图5-1　培训平台构成及运行模式示意图

5.2 农村实用人才培训实践

吉林农业科技学院发挥学科、人才和校内实践教学基地的优势，以吉林、九台两市为中心，以点带面，辐射全省。通过学历教育和非学历教育相结合，集中培训和分散培训相结合等方式，对吉林省部分市县乡（镇）和村级干部、农技人员、农业致富能手、农村经济人和农业职业技术学校教师进行培训。累计直接培训农村基层干部和农技人员 20000 余人，辐射带动培训农民 30 余万人，推广实用技术 200 多项，扶持一批种养大户，送科技下乡 200 余次。全面提高了农业从业人员的整体素质，为全面建设小康社会和振兴东北老工业基地服务，为社会主义新农村建设作出应有的贡献。

5.2.1 "一村一名大学生"培养

"一村一名大学生"培养，是吉林省组织的人才培养项目，面向农村培养具有大专文化程度的实用型人才，学生毕业后回当地工作。吉林农业科技学院 2006—2009 年承担了三届学生 6 个专业 1500 人的培养任务。学校根据生源地的农业经济现状和生产条件以及发展需求，单独组织教学班，设置相应专业课程。强化实用技术、实践能力和应用高新技术手段等方面的培养，保证学生回乡后能够学有所用，带领百姓致富奔小康。实践证明效果较好（见表 5-1）。

表 5-1 吉林农业科技学院"一村一名大学生"培养情况统计表

专业	2007	2008	2009	合计
食药用菌	53	66	60	179
畜牧	54	55	62	171
畜牧兽医	161	205	212	578
园艺技术	71	72	75	218
中草药栽培技术	28	56	58	142
作物生产技术	82	75	95	252
合计	449	529	562	1540

5.2.2　农村基层干部培训

农村基层干部是贯彻执行党在农村各项方针政策的骨干，是团结带领广大农民脱贫致富奔小康、建设有中国特色社会主义新农村的带头人，如果这部分人的思想观念和执政能力跟不上时代发展的步伐，新农村建设就要受到影响。吉林农业科技学院自2002年以来，每年为吉林省培训农村基层干部1200余人次，主要讲授农村政策法规、基层组织建设、村民民主自治、农业经济管理、乡镇企业管理和农业产业化经营等方面的知识和农业科学技术。使乡（镇）村干部转变思想观念，提高综合素质，增强带领群众致富和驾驭市场经济的能力，进一步增强农村基层党组织的凝聚力和战斗力，对提高农村基层干部的综合素质和驾驭农村工作的能力起到了重要推动作用。

5.2.3　农技人员和农民骨干培训

社会主义新农村建设的首要任务是促进现代农业发展。现代农业是有别于传统农业的一种农业形态，其核心是科学化，特征是市场化，方向是规模化，目标是产业化。现代农业的发展需要数以亿计的有文化、懂技术、会经营的新型农民去实践。但目前我国农民文化素质偏低，思想观念滞后，受传统农业观念和小农意识的束缚严重，学习新知识、接受新技术的意识和能力较差。为了保障农民培训取得实效，吉林农业科技学院在多年的实践中不断探索农技人员和农民骨干培训方式，取得一定经验：

一是集中培训。将已经有一定创业能力和实践经验，并形成一定规模的种养大户和科技带头人集中上来，通过短期集中系统培训和到典型示范户进行现场教学，使学员纠正实践中的一些错误做法，解决遇到的一些具体问题，并通过学员之间的沟通，起到了相互学习、相互借鉴的作用，对调整和提升产业起到了积极的促进作用，2002年以来，每年集中培训农民5000余人。二是在村一级设立新型农民科技培训点，将教师派到培训点进行授课，直接针对当地的种植与养殖项目，有针对性地开展培训，受益面不仅局限在少数种养大户，而是全体农民。三是技术咨询。组织教师利用农村科普大集或通过热线咨询电话开展技术咨询活动。及时解答农民在生产实践中遇到的实际问题。四是技术指导。组织相关专业教师和技术人员，以科技特派员的身份深入田间地头、畜禽栏舍，面对面指导农民种植与养殖实践,现场向农民传授种植与养殖技术。五是通过墙报、广播、电视、"口袋书"等形式让农民群众掌握种养技术,并通过扶持典型示范户,影响周边的农民,起到事半功倍的效果。

5.2.4 农村新型经济人培训

以吉林、九台两市为主,重点传授市场营销、农村贸易经济的新理论、新知识和农村经济市场运作的成功实例,使一批具有驾驭市场经济和农村现代化建设能力的经济型农民,担负起开拓市场的责任,把农村更多的农产品推向国内外市场,加快农村经济健康发展。使原先从事过农产品销售的经济人由单纯从事农副产品收购,向生产、加工、保鲜、贮藏、运销等一体化经营转变,主动把服务内容扩展到技术支持、生产指导、产后处理、项目咨询等诸多方面,服务功能由单一性向综合功能发展。

5.2.5 农民创业培训

吉林农业科技学院作为吉林省新型农民培训基地,承担了农业部的农民创业培训项目,对永吉县 200 多名创业农民进行创业培训并跟踪服务,使农民掌握多种技能,增强创业的本领和能力。

吉林农业科技学院作为龙头单位牵头成立了吉林省农业职业教育集团,承担了吉林省农业职业学校师资培训的任务。累计培训职业学校师资 200 余人,重点传授现代农业生产科学与技术,提高农村职业技术学校教师的素质和教学质量。并通过他们培训大批农民。

5.3 农村创业人才跟踪服务

5.3.1 学院选派专家对已接受培训学员进行跟踪服务

帮助学员解决创业过程中遇到的技术难题。学院在吉林、九台两市设立学员技术跟踪服务专家组,帮助学员论证创业项目,跟踪指导生产、管理和产品销售各主要生产环节,及时反馈各类信息,并贷款 500 多万元资助一批优秀农村青年创业。目前多数创业者的生产状况良好,经济效益可观,影响和带动作用较大。例如:一期学员郭永刚,来自白城市郊的老菜区,过去蔬菜品种单一,技术老化,病虫害严重,学完返乡后将家中温室蔬菜栽培转产为温室葡萄,现每栋纯收入 2 万元左右，并带动本村菜农改栽葡萄近 20 户，被政府授予"致富青年标兵"称号。徐桂芬，一个来自吉林市蛟河池水乡贫困村的 40 多岁的女学员，在原来无任何基础条件的情况下，返乡后建起了温室大棚，从事蔬菜生产，三年后已在当地小有名气，被称为"青椒女王"，不但自己脱了贫，还带领本村农民共同种菜致富，形成了当地蔬菜基地，被蛟河市妇联授予"三八红旗手"称号。梅河口的吴庆华，返乡后多业并举开展肉鸡饲养、葡萄栽培、种猪繁育、池塘养鱼、拱棚西瓜、果园开发等，年均收入十几万元。永吉兰旗开发区的致富示范户赵亮，临江的"蘑菇大王"刘兆华，通化草莓反季栽培的王李国，长春无公害蔬菜保护地生产的纪艳华，辽源科学养牛的温格尔，双阳芽菜生产的张起，延吉樱桃、番茄大棚生产的金成学等，这些学员都是在培训过程中，结合本地资源，有针对性地选择主攻方向，在教师的指导和帮助下确立发展项目，返乡后，学以致用，并发挥典型带动作用，带领农民共同致富。

5.3.2　选派教师任科技副县（市）长、科技副乡（镇）长到基层去挂职锻炼

选派教师任科技副县（市）长、科技副乡（镇）长到基层去挂职锻炼，指导新农村建设工作实践，促进了学校与地方经济建设的有机结合，为区域经济发展和全面建设小康社会服务。几年来，学校先后选派 6 名科技干部到吉林市昌邑区任科技副乡（镇）长，12 名教授任科技特派员，扶持省级新农村建设点，为老工业基地全面振兴和社会主义新农村建设提供坚强的人才保证和科技支持。

第六章 搭建农业信息服务平台，
助力乡村振兴战略实施

信息是重要的战略资源，农业信息资源是农业和农村经济发展的重要生产要素。随着我国农业由传统农业向现代农业转型发展，信息作为一种新的生产要素正发挥着重要的作用。党的十六届五中全会对加快我国信息化进程提出了明确要求，指出信息化是覆盖我国现代化建设全局的战略举措，是我国加快实现工业化和现代化的必然选择，是既包括城市信息化也包括农村信息化的一项十分艰巨的任务。

2016年中央一号文件中提出大力推进"互联网＋"现代农业，应用物联网、云计算、大数据、移动互联等现代信息技术，推动农业全产业链改造升级。2007年中央一号文件强调要充分利用和整合涉农信息资源，积极推进农业信息化建设。在我国农村经济社会发展比较落后，城乡之间"数字鸿沟"仍在扩大的情况下，加快农村信息化建设，发挥信息化对农村经济社会发展的巨大作用显得尤为重要和迫切。2019年中央一号文件强调要深入推进"互联网＋农业"，扩大农业物联网示范应用。推进重要农产品全产业链大数据建设，加强国家数字农业农村系统建设。实施"互联网＋"农产品出村进城工程。全面推进信息进村入户，依托"互联网＋"推动公共服务向农村延伸。全国农业现代化规划（2016—2020年）提出加快实施"互联网＋"现代农业行动，推进信息进村入户，提升农民手机应用技能，力争到2020年农业物联网等信息技术应用比例达到17％、农村互联网普及率达到52％、信息进村入户村级信息服务站覆盖率达到 80%。

1 搭建农业信息服务平台的意义

高等农业院校多为综合性或多科性院校，学科之间交叉渗透，不仅可以培养农业和信息方面的专门人才，也可以培养复合型人才，对开发农业生产、管理软件都得天独厚的优势，因此，搭建高等农业院校为依托的农业信息服务平台，对推进农业信息服务，加快"信息入户"工程建设，破解"三农"问题，促进乡村振兴战略的实施具有重要意义。

1.1 有利于推进"信息入户"工程

建设一批以高等农业院校为依托、实用性及针对性较强的农业信息服务平台，通过对信息资源的广泛收集、加工、发布与共享，构建适合我国不同地区的农业生产所需的自然资源、科技、农产品市场、政策法规和实用技术等信息数据库，为农村基层管理及科技人员、农民及农业生产企业、农村经合组织提供及时而准确的农业政策法规、市场供求、实用技术等信息服务，有利于推进"信息入户"工程。

1.2 有利于破解"三农"问题

"三农"问题是困扰我国农业农村发展的关键问题，党中央十分重视"三农"问题，一直把解决"三农"问题作为全党工作的重中之重。农业信息服务有利于引导农业及时调整产业结构、实施产业化经营，促进粮食增产、农业增效、农民增收。因此，加强农业信息服务将是解决"三农"问题的有效措施之一。

1.3 有利于推动乡村振兴战略实施

《乡村振兴战略规划(2018—2022 年)》对农业农村信息化建设作出具体规划，从积极推进信息进村入户，到加强农业信息监测预警和发布，提高农业综合信息服务水平，再到大力发展数字农业，实施智慧农业工程和"互联网＋"现代农业行动，鼓励对农业生产进行数字化改造，强调要加强农业遥感、物联网应用，提高农业精准化水平。高等农业院校农业和信息技术方面人才优势明显，搭建农业信息平台,开展面向农业、农村和农民的信息服务,可强化资源共享,健全应用系统,可实现农业科技服务创新。通过推进农业信息服务,有利于加快农村信息基础设施建设,有利于整合农业、农村市场的信息资源,建立农业信息资源中心,建设农产品市场信息大型数据库,加快农村信息资源开发利用,有利于促进农村信息双向流动渠道的畅通,有利于推进乡村振兴战略的顺利实施。

2 我国农业信息服务的现状与存在的问题

2.1 我国农业信息服务的现状

在计划经济条件下我国农业信息服务主要体现在农业统计工作中。多年来,在政府和农业主管部门的共同努力下,为农业及时提供准确、权威的信息服务,取得了显著成效。我国农业信息服务大体经历了以下四个阶段:

以统计信息服务为主的阶段。在计划经济时期,农业信息服务主要包括各种统计和报表,服务对象有政府决策部门和农业生产经营者,政府决策部门通过统计部门对大量统计信息的分析处理,作出农业生产计划,然后向农业生产经营者下达指令,生产经营者依据这些指令安排生产经营活动。那时的信息服务是自上而下进行的,带有指令性的特点。

以政策信息服务为主的阶段。政策信息多来自中央,对农业和农村经济发展有较大促进作用。具有代表性的政策信息是每年的中央"一号文件",如,从1982年到1986年的中央"一号文件",对切实推行农村家庭联产承包责任制,解放农村社会生产力,促进农业生产和农村经济,提高农民群众的物质生活水平发挥了非常重要的作用。

以市场信息服务为主的阶段。1992年我国开始进行社会主义市场经济改革,农业部出台了《农村经济信息体系建设工作方案》,1994年农业部成立了市场经济信息司,1998年更名为市场与经济信息司,对农业生产提供包括生产资料、农产品供求和科技等信息服务。2001年农业部出台了《"十五"农村市场信息服务行动计划》,统一规划、指导和监督检查全国农业市场信息服务工作。

以农业质量标准和食品安全信息服务为主的阶段。我国加入世界贸易组织（WTO）后，农业质量标准和食品安全问题越来越受到关注。该阶段农业信息服务的重点主要是为各级政府和生产者提供国内外农产品质量和食品安全方面的最新信息。

农业信息服务方式也随着农业生产方式的发展而发生一系列变化。从传统农业阶段的广播和报刊到计算机技术、网络技术等信息技术的广泛应用。目前，我国农业信息化在基础设施建设、信息资源开发、信息服务体系建设等方面取得较大的成就，主要表现在以下几个方面：

第一，农村信息基础设施建设得到加强，农业信息服务网络由各级农业主管部门正快速向乡村、龙头企业、种养大户、中介组织、批发市场以及经纪人延伸。

第二，信息资源开发力度不断加大。农业部建立了农业信息采集系统和农产品市场监测预警系统，各级农业主管部门建立了定期信息发布制度和农业农村经济形势会商制度，在调控农业生产和农产品市场中发挥着重要作用。

第三，信息服务组织体系不断壮大。全国建立了省、市、县三级农业信息管理和服务机构，多数农村乡镇设有信息服务站，拥有农村信息员17万人。

第四，信息技术应用范围不断扩大。随着信息前沿技术和关键技术研究的不断加强，信息技术的应用范围不断扩大，综合应用程度不断加强，目前，信息技术广泛应用于农业生产、管理、科教等各方面，农业产前、产中和产后各个环节和农业生产全过程，特别是数字农业技术、精准农业技术等对农业生产起到重要的推动作用。

第五，信息服务范围逐步扩大。2001年农业部开始实施《农村市场信息服务"十五"行动计划》，以中国农业信息网、中央电视台农业节目、农民日报、农村杂志社和中央农业广播学校等为主渠道，建立以"信息发布日历"为主要形式的信息发布工作制度，努力扩大信息服务范围。全国4万多个农业产业化龙头企业、17万个农村合作及中介组织、95万个农业生产经营大户、240万农村经纪人能够定期得到农业部门的信息服务。

2.2　我国农业信息服务存在的问题

尽管我国在农业信息资源开发、基础设施建设、组织体系建设和服务手段等方面取得了一定成效，但仍然存在农业信息服务人才短缺，信息资源开发相对滞后，信息发布和传播途径单一、覆盖面较窄，"最后一公里"的问题没有得到很好解决，信息指导性、适用性和针对性不强，市场供求、科技等方面的信息不能满足需要，农民利用信息的能力不够等问题，在一定程度上严重影响了农业农村信息服务的工作。

3　发达国家农业信息服务概况

发达国家有比较健全完善的农业信息服务体系，从农业信息的采集、加工处理到发布形成完整的链条。信息技术的应用纵横交错，因而，农业信息服务使发达国家农业的优势得到充分发挥，劣势得到逐步改善，极大地提高了农业生产力和农产品的国际竞争力。主要有以下五个特征：

3.1　通过立法保障农业信息服务

美国政府通过立法将农业信息纳入农业部门职能范畴，将农业信息服务法制化。英、法两国都依靠立法让产品生产和经营者如实填报自己的生产经营情况，保证农业信息来源的真实性和可靠性。法国农场主的经营、财务、税务方面的工作，一般都由相关协会帮助料理。德国农业统计法详细规定了土地、劳动力、农牧业生产、农业产量及经济状况等调查的各类指标和信息特性、选点要求和保密责任等条款。日本制定了《中央批发市场法》，作为农业信息服务的法律依据。欧盟制定了专门的《关于共同农业政策信息措施法规》，设置专门的农业信息采集、统计分析和发布等机构，保证农业信息服务工作。

3.2　保证信息发布的连续性和规范化

美国政府制定了市场信息发布计划，农业部农产品销售局作为执行机构，及时、准确、公正地为农产品的买卖双方提供供需、价格、运输、趋势及其他能够反映当前市场情况的信息服务，每种信息来源于不同的机构，由专人负责并长期相对不变，按照规范格式会商后形成月分析预测报告。《世界农产品供求预测》已逐步成为被管理层、生产者和经销商所重视的世界性权威决策参考资料。德国联邦政府每年2月15日议会立会，研究农业信息发布事宜，立会前食品农林部必须公布农业发展年度报告。农业部的新闻信息处同电台、电视台、报界有密切的合作关系，负责定期发布信息。

3.3　服务人员队伍精干、工作严谨

农业信息服务人员队伍精干高效，信息服务科学严谨是发达国家农业信息服务的显著特点。例如，美国按农产品市场细分配备信息员，信息员上岗前必须参加农业部的培训并取得职业资格证书。全国各地的信息员每天将从买卖双方收集信息，统一输入数据库，完成市场报告，再将数据和报告传到农业部华盛顿总部（AMS）。法国大区农业部门对严格选拔的信息员进行专题培训，要求他们必须到农场主家里填表，以保证采集信息的质量。

3.4　信息服务多元化、社会化与商业化并存

政府部门一般承担公益性信息服务，对于盈利的服务项目则让利给有积极性的民间组织、机构或企业，有时政府也花钱雇佣社会力量去完成某些服务项目。英国多种性质的信息服务机构与公益性、社会化和商业化多种信息服务形式并存，各种信息直达用户，缩短信息传递的时间和过程，有效解决了最后一公里问题。法国农业信息服务由多元化主体承担（政府、研究部门、教学系统、社会组织、民间信息媒体、农产品生产联合体等），各主体既相对独立又彼此相连，构成了一种纵横交织的关系，保证与用户之间的信息沟通及时、真实。日本主要靠农林统计协会、全国农业改良普及协会、家之光协会等财团法人与社团法人编制整理统计情报资料。德国政府在不妨碍公平竞争的原则下，扶植有经营积极性私人组织机构，除了国际经济信息以外，基本上采取不介入的政策。

3.5　信息技术应用范围广泛

在北美、欧洲、日本，计算机和信息管理系统应用相当普及。农牧业生产都有各自的数据库和管理软件，可通过互联网跟踪信息、指导生产和经营管理及资源保护，精准农业成为热点；信息高速公路已经通向农村；卫星数据传输和设施农业已经实现自动化。

4 搭建农业信息服务平台，助力乡村振兴战略实施

4.1 指导思想

农业高校信息服务平台建设要以习近平新时代中国特色社会主义思想为指导，以市场需求为导向，以整合信息资源和技术优势建立资源共享机制为基础，以建立和完善农业综合信息资源数据库为核心，以信息采集、信息发布、信息推送和个性化信息服务为主要内容，以全面提高农村信息化服务能力、增强农业生产能力和农产品竞争力为目标，以国家强农惠农政策为保障，参照国家制定农业信息服务"面向农村、农业企业和农民，利用现代信息技术，构建具有公益性、针对性、时效性、准确性的农村科技信息服务平台"的要求，搭建以高等农业院校为依托的农业信息服务平台，为农业管理部门、农业科技工作者、农业企业、农业生产大户和普通农民提供信息和技术服务。

4.2 主要内容

一是广开信息采集渠道，建立门类齐全的信息采集系统，多渠道、全方面收集区域信息、国内信息与国际信息。二是健全信息指标体系，采集的信息要能够覆盖农业和农村经济运行的各主要环节和各相关产业，覆盖资源配置、农业科技、市场流通、生态环境、气候条件、政策动态等经济、科技和社会方方面面。三是注重采集信息的时效性和准确性。信息采集传递要及时，反映情况要真实，要对数据和资料进行加工和综合分析，提供有分量的分析研究报告，提高信息收集、加工、处理、分析一体化水平和决策参考价值。

农业信息综合服务平台主要包括以下九个方面的内容：①农业资源和环境方面的信息。包括土地、大气、水、生物品种和环境变化等重要内容，掌握这些信息就能及时正确地制定相应的政策与对策。②农村社会和经济信息方面的信息。包括农村人口及其变化、教育、科技普及程度、农民收入水平、农村道路、能源、卫生情况等。③农业生产信息。包括农作物品种与栽培技术和生产规模、生产进度、生产成果等信息。④农业灾害信息。对农作物的土壤、水旱灾害、病虫草害、生态环境和畜禽疫病等进行监督、速报与预报，有利于农业的减

灾和防灾。⑤农业科技信息。农业科技信息交流不畅，严重影响了科技的进步。因此，必须借助农业信息网，促进农业科技成果交流与推广应用。⑥农业教育信息。大部分农民与农技员可以通过计算机、多媒体学习各种农业知识，以加快农业科技的普及，提高农民的科技和文化素质。⑦农业生产资料市场信息。农业生产资料信息化，可以减少市场存在的种子、化肥、农药、农用薄膜、农业机械等各种生产资料的供需矛盾。⑧农产品市场信息。为了使各地农产品销路畅通和供销协调，建立以计算机联网为基础的农产品市场信息化网络是一项关键性的措施。⑨农业管理信息。农业管理信息化可以使农业行政管理、农业生产管理、农业科技管理、农业企业管理提高到一个新的水平，从而加速农业的发展。

5　农业信息服务平台的总体框架

5.1　农业信息服务平台的结构架构

在结构上可划分为三层：客户层、功能层（应用服务器层）、数据层（数据库服务器层）。客户层是平台的用户接口部分，它担负着用户与应用层间的对话，用于接受用户的请求，显示返回的结果。功能层是系统的业务处理层，通过JSP,servlet 和 javaBean 对用户的请求进行处理，是系统的核心。数据层用于存放系统的数据，是信息服务平台的基础。体系结构图如图 6-1 所示。

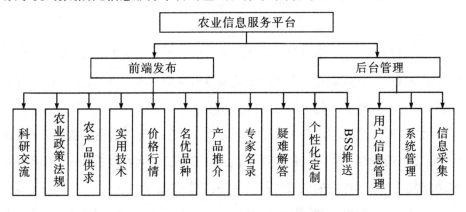

图 6-1　系统总体功能结构图

5.2 农业信息服务平台的功能架构

信息服务平台分为信息获取、信息处理和信息发布三个层次,如图 6 - 2 所示。

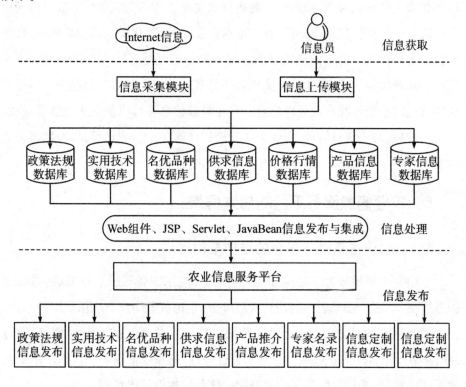

图 6 - 2 系统功能构架图

信息获取。主要是通过信息采集模块和信息上传模块来完成,信息采集模块按照系统的实际需求将网络上的相关资源采集到本地数据库,上传模块用于信息员及系统的用户将各类信息上传到数据库中。

信息处理。接到客户端浏览器的请求后,业务层通过调用功能性组件,如 Servlet、JavaBean 等,对用户的请求进行处理,若需要访问系统数据库,则调用数据访问接口对数据库中的记录进行操作,最后返回结果。

信息发布。通过系统提供的功能模块对用户展现平台的服务功能,用户进入相关的模块即可获取这些信息。同时,用户还可以通过信息定制及 RSS 浏览器更为方便地获取个性化的信息。

6 农业信息服务平台的功能

系统包括前台发布和后台管理两大部分。

6.1 前台发布

包括以下功能模块。

6.1.1 科研交流

该模块服务的对象是农业科技工作者，为他们提供一个科技交流的平台。

6.1.2 政策法规信息发布

该模块主要用于发布国家部委、省农业部门颁布的关于农业的各项政策、法律法规信息。

6.1.3 农产品供求信息发布

该模块主要服务于系统的注册用户，为农产品供需双方提供一个信息发布的平台，促成他们之间的交易。

6.1.4 实用技术信息发布

提供农业生产、经营、管理等方面的科学技术知识，为农民提供农、林、牧、副、渔等各行业的实用技术信息。

6.1.5 价格行情信息发布

面向农业基层，提供全国甚至全球范围的实时的农产品市场信息。

6.1.6 名优品种信息发布

该模块面向农业企业以及种养业的大户，为他们发布优质农产品种质资源信息。

6.1.7 产品推介信息发布

主要面向农业企业，供农业企业展示他们的科研成果及产品。

6.1.8 专家名录信息发布

建立农业专家信息库，在平台中发布国内农业各个领域的专家的信息，介绍他们的研究领域及其在各自领域内的科研成果，方便专家之间的交流，同时也为使用本平台的用户提供了向专家请教的可能。

6.1.9 个性化信息定制及 RSS 推送

该模块主要服务于注册用户,向他们提供供求信息和实用技术信息的定制,实现了各模块信息和个性化定制信息的 RSS 推送,无须登录网站就可查看定制的最新信息。

6.1.10 农业生产疑难解答

把基层农业生产者提出的在农业生产过程中遇到的问题,定期提交给专家并发布专家给出的问题解决方案。

6.2 后台管理

主要是对系统的用户、参数和数据的维护,以及信息采集的管理等。包括以下功能模块。

6.2.1 用户管理

主要用于管理注册用户的信息,包括用户注册、用户信息维护以及用户的身份审核、用户有效性的管理。

6.2.2 系统管理

主要包括系统参数管理和系统信息的维护。系统参数指供求信息和实用技术的分类,系统信息包括政策法规信息、价格行情信息、专家信息等。

6.2.3 数据采集管理

运用信息采集技术,有针对性地将各大网站的政策法规信息、实用技术信息等信息采集到本系统的后台数据库中,然后发布出来,从而增加系统的数据量,提高效率。

7 "互联网 + "在农业中的应用

7.1 "互联网 + "的概念

"互联网 + "的概念简单来说就是"互联网 + 行业",通过互联网的信息与平台技术,将行业与互联网相互融合,形成一种新的业态模式。最早是由易观集团董事长兼 CEO 于扬于 2012 年 11 月在第五届移动互联网博览会上提出的,

2014 年 11 月，"互联网＋"作为互联网的新型发展形态被推出，其核心在于创新。

7.2 "互联网＋农业"概念

"互联网＋农业"是将互联网与农业行业结合起来，推动农业向智能化、信息化、现代化、自动化发展。

7.3 "互联网＋"在农业中应用

一是通过云计算和大数据技术采集农业生产中土壤、气象、科研、设备、病虫害、动植物信息。二是通过 Green Plum、Exadata、Infobright 等分布式数据库进行信息统计分析，在 Mahout 上使用 K－Means、Naive Bayes 算法进行数据挖掘与处理。三是将有价值的信息上传至国家农业信息数据库，以方便各企业单位、政府部门与农业从业人员获得技术支持。四是通过互联网开展农业技术教育、科研和推广，提高科技成果转化率。五是农民通过互联网掌握节水技术、病虫害防治、农药合理使用等知识，从生产阶段就保证生态环境，使农业走上可持续化发展的改革道路。

7.4 "互联网＋农业"发展前景

7.4.1 选择最优农业发展方式

"互联网＋农业"是农业信息化中改革最全面、优势最明显的措施，涉及技术、生产、营销等方方面面，对于推进农业的可持续化发展、实现农业增产增收具有明显优势，是新时代下农业发展及改革的最优选择。

7.4.2 提高农业生产效率

"互联网＋农业"通过建立云数据平台和大数据分析，可以达到预防灾害、降低风险、质量评价、环境监测、在线教育、实时指导，政策咨询、问题反馈等一系列技术操作,实现农业生产与科学技术的深度融合,是提高农业生产效率的最佳手段。

7.4.3 推动农业生产智能化

利用"互联网＋农业"平台,农民可通过手机、计算机终端对农业生产全过程进行控制，及时掌握农业市场信息，调整农业生产方式，改善农业经营管理模式，提高农业生产的科技水平，了解农产品市场行情和风险防控信息，提高农业生产质量和产量，实现效率和效益叠加效应，实现农业生产智能化。

7.4.4 实现农产品网络化销售

"互联网电商"平台为农民和农业生产经营者搭建了一个很好的宣传、展示和销售农产品的平台，农民可通过手机、计算机等移动终端详细记录农作物从种到收的生产过程和质量监控过程，并通过数据、视频等方式推送给消费者，扩大公众认知面，通过京东、淘宝等电商平台向国内外消费者提供方便可靠的农产品。并利用即时通信软件和电商售后平台等与客户进行沟通联系，解答客户的疑问，反馈客户的意见和建议，从而增加对消费者的黏性，改善生产经营管理状况，提高经济效益。

参 考 文 献

[1] 杨玉富,王冬冬.高等农业教育"一懂两爱"理念的实现[J].沈阳农业大学学报:社会科学版,2018(5):570 - 574.

[2] 刘春桃,柳松.乡村振兴战略背景下农业类高校本科人才培养模式改革研究[J].高等农业教育,2018(6):16 - 21.

[3] 李小静.乡村振兴战略视角下农村人力资源开发探析[J].农业经济,2018(7):63 - 65.

[4] 张建宁.我国农村人力资本投资现状及对策研究[J].陕西农业科学,2011(3):201 - 203.

[5] 杨沛林,陈俸.关于高等农业教育在新农村建设中的作用[J].职教论坛,2009(35):24 - 25,28.

[6] 孙雷.苏北经济发展与高等教育发展的相关性思考[J].教育与职业,2007(3):14 - 15.

[7] 陈志远.农业院校在新农村文化建设中的功能[J].广东农业科学,2013(14):206 - 208,224.

[8] 佚名.什么叫现代农业[J].湖南农业,2011(1):19.

[9] 刘向红,余少谦.论大教育观指引下的福建农村教育[J].丽水学院学报,2011(1):102 - 108.

[10] 吴飚.支持现代农业发展的思考[J].农业发展与金融,2018(12):24 - 29.

[11] 唐亚鸿,王于泽.关于加快南川特色农业发展的实践与思考[J].吉林农

业,2010(8):8-9,26.

[12] 刘国瑞.我国高等教育发展动力系统的演进与优化[J].高等教育研究,
2018(12):1-8.

[13] 马桂霞.陶行知职业教育思想与高职院校课程设置的哲学思考[J].教育
与职业,2010(35):130-132.

[14] 曹梅娟,姜安丽.从人才结构理论看护理本科人才培养类型的定位[J].护
士进修杂志,2010(16):1476-1477.

[15] 曲晶.高等农业教育服务"三农"的政策创新研究[D/OL].沈阳:东北大学,
2005. http://cdmd. cnki. com. cn/Article/CDMD-10145-2006155086. htm.

[16] 刘晓光.预算业务内部控制建设问题研究——以 H 高校为例[J].时代金
融,2018(36):276,282.

[17] 刘伟.从《晚学集》蠡观罗宗强先生学术境界[J].内蒙古财经学院学报:综
合版,2010(5):137-142.

[18] 刘彦军.应用技术类型高校的本质特征与内涵探讨[J].职教论坛,
2015(4):31-34.

[19] 冯理政.德国应用科学大学(FH)办学特色的分析与研究[D/OL].上海:
华东师范大学,2010. http://cdmd. cnki. com. cn/Article/CDMD-10269-
2010199624. htm.

[20] 孙敏.英国多科技术学院调研报告(上)[J].世界教育信息,2013(9):
41-44.

[21] 杜才平.英国多科技术学院的办学定位与人才培养[J].高等教育研究,
2011(12):104-109.

[22] 杜云英.荷兰应用技术大学:国家竞争力的助推器[J].大学:学术版,2013(9):
39-46.

[23] 李建忠.芬兰应用技术大学办学特色与经验[J].大学:学术版,2014(2):
65-73,58.

[24] 张智.奥地利应用技术大学发展研究[J].大学:学术版,2013(9):47-53.

[25] 赵晶晶.瑞士应用技术大学与经济社会发展的互动研究[J].大学:学术

版,2013(9):54 – 59.

[26] 中国教育科学研究院课题组. 欧洲应用技术大学国别研究报告[R/OL]. (2013 – 12 – 10). http://www. doc88. com/p – 9803376331639. html.

[27] 叶磊. 日本技术科学大学的办学特色及其经验启示[J]. 职教论坛,2014 (16):84 – 87.

[28] 王玉萍. 地方性本科院校应用型人才培养研究[D/OL]. 武汉:华中农业大学,2009. http://cdmd. cnki. com. cn/Article/CDMD – 10504 – 2010010645. htm.

[29] 车承军,苏群. 应用型人才培养:大众化高等教育的责任[J]. 黑龙江高教研究,2004(7):44 – 45.

[30] 陈小虎,吴中江,李建启. 新建应用型本科院校的特征及发展思考[J]. 中国大学教学,2010(6):4 – 6.

[31] 李娜,解建红. 应用型人才的特征和培养对策[J]. 河南师范大学学报:哲学社会科学版,2006(4):191 – 193.

[32] 吴丁毅,支希哲,杨云箐,等. 国际化应用型人才的基本内涵、素质要求以及培养体系研究[J]. 西北工业大学学报:社会科学版,2016(4):115 – 118.

[33] 季诚钧. 应用型人才及其分类培养的探讨[J]. 中国大学教学,2006(6):52,57 – 58.

[34] 王平祥. 研究型农业大学农科本科人才培养模式研究[D/OL]. 武汉:华中农业大学,2006. http://cdmd. cnki. com. cn/Article/CDMD – 10504 – 2006190674. htm.

[35] 秦悦悦. 高校应用型本科人才培养模式研究与实践[D/OL]. 重庆:重庆大学,2009. http://cdmd. cnki. com. cn/Article/CDMD – 10611 – 2010044083. htm.

[36] 张日新,梁昱庆,汪令江,等. 本科应用型人才培养模式的研究与实践[J]. 成都大学学报:自然科学版,2004(4):1 – 4.

[37] 陈小虎,刘化君,曲华昌. 应用型人才培养模式及其定位研究[J]. 中国大学教学,2004(5):58 – 60.

[38] 刘国荣,秦祖泽,黄俊伟,等. 工程应用型本科教育特性及其创新人才培养体系的研究与实践[J]. 中国大学教学,2004(12):39 – 41.

[39] 谭明华.应用型本科涉农院校创新创业人才培养模式研究与实践——以河南牧业经济学院为例[J].黑龙江畜牧兽医,2017(2):229-231.

[40] 奚广生.地方农业院校应用型本科人才培养模式的研究与实践[J].河南农业,2012(10):7,9.

[41] 陈正元.关于应用型本科院校发展目标的几点思考[J].南京工程学院学报,2002(3):47-50.

[42] 刘衍聪,李军.基于OBE理念的应用技术型人才培养方案的设计[J].中国职业技术教育,2018(14):72-76,96.

[43] 田春燕.应用型本科院校人才培养方案研究[J].现代教育科学,2018(11):135-140.

[44] 吴佳清.应用型本科人才培养方案质量标准的构建[J].齐齐哈尔大学学报(哲学社会科学版),2019(3):159-161.

[45] 李心忠,林棋.地方应用型本科院校专业转型发展的几点思考[J].广州化工,2017(9):219-220,223.

[46] 聂永成.新建本科院校转型分流的价值取向研究[D/OL].武汉:华中师范大学,2016. http://cdmd.cnki.com.cn/article/cdmd-10511-101265436.htm.

[47] 侯长林,罗静.地方本科高校的转型与回归[N].中国青年报,2014-09-01(11).

[48] 卢亚楠.地方本科高校向应用型大学转型的六个维度[J].中国轻工教育,2016(6):13-16.

[49] 徐志强.地方本科高校转型中应用型人才培养模式研究[J].教育现代化,2016(39):17-18,98.

[50] 胡岸.地方本科院校应用型转型的政策支撑体系建设[J].安徽文学,2017(4):149-151.

[51] 刘彦军.地方高校建设应用型大学的实践探索与发展策略[J].北京教育(高教),2017(4):8-11.

[52] 刘献君.应用型人才培养的观念与路径[J].中国高教研究,2018(10):6-10.

［53］瞿振元,高旺盛,果雅静.坚定不移地走出服务新农村建设的新路子［J］.
中国高等教育,2006(20):11－12,26.

［54］郑小波.高等农业教育在新农村建设中的路径选择［J］.高等农业教育,
2006(10):3－7.

［55］国万忠,袁艳平.高等农业院校:发挥服务新农村建设的优势［J］.中国人
才,2006(7):27.

［56］王晓娥.地方高校为新农村建设服务的切入点研究［J］.产业与科技论坛,
2008(5):153－154.

［57］史文宪.农业高校在社会主义新农村建设中的角色定位及其实现途径
［J］.高等农业教育,2006(8):81－84.

［58］温孚江.农业高校在新农村建设中的角色定位［N］.农民日报,2006－05
－06.

［59］沈振锋,胡紫玲,赵静.发挥农业高校优势推进社会主义新农村建设的思
考［J］.安徽农业科学,2007(1):215－217.

［60］董天菊.浅谈农村职业技术教育在新农村建设中的角色定位［J］.教育与
职业,2008(8):29－30.

［61］蓝孝新,王芳棋,颜世超,等.建设社会主义新农村与农业高校科技推广
［J］.农业科技管理,2007(3):79－80.

［62］王银芬.发挥地方高校优势　服务新农村建设［J］.中国科技信息,2006
(24):207－308.

［63］穆养民,张俊杰.高校切入新农村建设路径探析技术与创新管理［J］.2006
(4):4－5.

［64］刘淑梅.涉农类高职人才培养中存在的问题与改革建议［J］.南昌教育学
院学报,2010(11):72－73.

［65］魏毅.做强高等农林院校建设高等农林教育强国［J］.江西农业大学学报:
社会科学版,2010(4):119－122.

［66］钱朝军.大众化教育背景下我国高等农业院校应用型人才培养模式研究
［D/OL］.长沙:湖南农业大学,2009.http://cdmd.cnki.com.cn/Article/

CDMD – 10537 – 2010061438. htm.

[67] 汤庆熹. 农业科技人才人文素质教育研究[D/OL]. 长沙:湖南农业大学,2009. http://cdmd. cnki. com. cn/Article/CDMD – 10537 – 2010062131. htm.

[68] 王玲,汤庆熹. 试论农业科技人才人文素质教育的基本原则[J]. 学理论,2010(24):235 – 236.

[69] 马丽娟,杨沛霖. 高等农业教育服务社会主义新农村的 SWOT 分析及对策[J]. 吉林农业科技学院学报,2009(4):29 – 32,87.

[70] 朱军,肖朗. 高等农林院校本科人才培养模式的研究与思考[J]. 中国电力教育,2011(10):17 – 18.

[71] 户小英. 发挥高等农业教育自身优势　大力促进社会主义新农村建设[J]. 高等农业教育,2007(2):22 – 24.

[72] 杨思尧. 我国高等农业教育的战略地位与作用[J]. 高等农业教育,2005(8):9 – 12.

[73] 王瑾. 高等农业教育为现代农业发展服务途径探索[D/OL]. 沈阳:东北大学,2008. http://cdmd. cnki. com. cn/Article/CDMD – 10145 – 2010258615. htm.

[74] 胡舜. 新建本科院校办学目标定位原则与办学特色路径选择及对策建议[J]. 湖南财政经济学院学报,2012(5):145 – 150.

[75] 吉飞跃,吴锦程. 新时代"三农"工作队伍培育研究述评[J]. 高等继续教育学报,2018(6):46 – 49.

[76] 周绍东,王立胜. 现代化经济体系:生产力、生产方式与生产关系的协同整体[J]. 中国高校社会科学,2019(1):94 – 100,158.

[77] 聂海. 农业科技推广模式研究[D/OL]. 咸阳:西北农林科技大学,2007. https:kns. cnki. net/KCMS/detail/detail. aspx? dbcode = CDFD&filename = 2007189294. nh.

[78] 潘文华,胡胜德. 高校型农业科技中介的 SWOT 分析[J]. 黑龙江高教研究,2009(6):22 – 25.

[79] 董晓晔. 建设新农村关键是提高青年农民的科学文化素质[J]. 山东省农业管理干部学院学报,2010(6):7 – 9.

[80] 卢小磊,陈曦,陶佩君.我国大学主导型农业推广相关研究的分析与评价 [J].中国农机化,2012(2):21－25.

[81] 石智雷,王岩.高校教师科研反哺教学现状及影响因素分析——以武汉市 经管类高校为例[J].高等教育评论,2016(1):118－129.

[82] 郭占锋."试验站":西部地区农业技术推广模式探索——基于西北农林科 技大学的实践[J].农村经济,2012(6):101－104.

[83] 邵飞.我国大学科技推广体系与基层农村科技推广体系对接研究[D/ OL].咸阳:西北农林科技大学,2008. http://cdmd.cnki.com.cn/Article/ CDMD－10712－2008102045.htm.

[84] 张俊杰.高等农业院校科技推广创新体系的研究[D/OL].咸阳:西北农林 科技大学,2005. http://cdmd.cnki.com.cn/Article/CDMD－10712－ 2005111430.htm.

[85] 穆养民,刘天军,胡俊鹏.大学主导型农业科技推广模式的实证分析—— 基于西北农林科技大学农业科技推广的调查[J].中国农业科技导报, 2005(4):77－80.

[86] 董金和.我国农业技术推广体系发展现状与改革研究[D/OL].北京:中国 农业大学,2005. http://cdmd.cnki.com.cn/article/cdmd－10019－ 2005084419.htm.

[87] 刘增潮.以大学为依托的农业科技推广实践的研究[D/OL].咸阳:西北农 林科技大学,2007. http://cdmd.cnki.com.cn/article/cdmd－10712－ 2008037052.htm.

[88] 时赟.对近代高等农业教育为"三农"服务的历史考察[J].高等农业教育, 2005(1):32－35.

[89] 张庆祝.创业型大学发展模式暨农林本科院校转型发展研究[D/OL].大 连:大连理工大学,2018. http://cdmd.cnki.com.cn/article/cdmd－10141 －1018138178.htm.

[90] 陆华忠,罗锡文.改革推广机制,促进农业院校科技成果转化[J].高等农 业教育,2001(9).83－85.

[91] 胡俊鹏,高翔,张显,等.浅析大学农业技术推广创新体系的形成与发展
[J].中国农学通报,2005(7):412-415.

[92] 钟大辉,周清万.吉林省科技支撑新农村建设研究[J].吉林农业科技学院
学报,2013(1):33-36.

[93] 张亮.我国新型农民培训模式研究[D/OL].保定:河北农业大学,2010.
htttp://cdmd.cnki.com.cn/article/cdmd-11920-2010138942.htm.

[94] 付铁峰.新农村建设中新型农民培育问题研究[D/OL].哈尔滨:东北农业大
学,2007.http://cdmd.cnki.com.cn/Article/CDMD-10224-2007207490.htm.

[95] 宫敏燕.新农村建设中新型农民培育问题研究[D/OL].西安:陕西师范大
学,2012.http://cdmd.cnki.com.cn/article/cdmd-10718-1014402570.htm.

[96] 余永庆.乡村振兴战略背景下的新型职业农民培育问题研究[J].中国管
理信息化,2018(22):117-118.

[97] 王齐.新农村建设中新型农民培训研究[D/OL].南京:南京农业大学,2010.
http://cdmd.cnki.com.cn/Article/CDMD-10307-1012491094.htm.

[98] 顾敏燕.基于城乡一体化的新型农民培养研究[D/OL].南京:南京农业大
学,2012.http://cdmd.cnki.com.cn/article/cdmd-10307-1013284569.htm.

[99] 陈炎兵.健全体制机制 推动城乡融合发展[J].中国经贸导刊,2019(3):
50-53.

[100] 姜林森.基于新农村建设的新型农民培养研究[D/OL].南宁:广西大学,
2008.http://cdmd.cnki.com.cn/Article/CDMD-10593-2008136579.htm.

[101] 赵春江,赵英霞.论乡村振兴进程中新型农民职业能力培育创新[J].继
续教育研究,2018(10):27-34.

[102] 王佳.重庆市新型农民培养问题研究[D/OL].重庆:西南大学,2009.ht-
tp://cdmd.cnki.com.cn/Article/CDMD-10635-2009103793.htm.

[103] 李存超.河北省农民教育培训问题研究[D/OL].保定:河北农业大学,
2009.http://cdmd.cnki.com.cn/Article/CDMD-11920-2009131849.htm.

[104] Rogers E M. Diffusion of Innovation [M]. New York:Free Press,1995.

[105] 熊新山.培养农民身份的大学生是新时期高等农业教育的重要使命[J].

黑龙江高教研究,2001(2):112 – 114.

[106] 岳远尊,张杰. 论社会主义新型农民的培育[J]. 山东经济,2006(5):147 – 149.

[107] 徐新林. 培养新型农民——新农村建设的基础工程[J]. 安徽农业科学,2006(11):2523 – 2525.

[108] 韦云凤,盘明英. 构建新型农民培训体系,全面提高农民素质[J]. 经济与社会发展,2006(10):169 – 172.

[109] 吕莉敏. 新型职业农民教育培训体系的研究综述[J]. 当代职业教育,2017(2):33 – 36.

[110] 谭运宏. 努力培育和造就当代中国新型农民[J]. 湖南社会科学,2006(5):37 – 39.

[111] 宫政,康红芹. 新型职业农民培育的研究热点与趋势——基于2012—2018 年核心期刊论文的共词分析[J]. 河北大学成人教育学院学报,2019(1):39 – 46.

[112] 陈娟,马国胜. 服务乡村振兴的新型职业农民产教融合定向培养实证研究[J]. 安徽农业科学,2018(34):232 – 234.

[113] 縻力. 探索一条实施乡村振兴背景下新型职业农民培育新路[J]. 农民科技培训,2019(1):28 – 29.

[114] 蒋学杰. 乡村振兴战略框架下新型职业农民培育现状、存在问题及对策研究——以山东省莒县为例[J]. 安徽农业科学,2018(33):225 – 227.

[115] 宝亮. 以人为本　建设社会主义新农村[J]. 新长征,2011(3):48 – 49.

[116] 晁伟,王凤忠. 农民创业培训模式及对策研究[J]. 农业科研经济管理,2009(4):45 – 49.

[117] 赵正洲,王鹏,余斌. 国外农民培训模式及特点[J]. 世界农业,2005(6):51 – 54.

[118] 王克,张峭. 国外农民培训的模式及经验启示[J]. 农业展望,2009(2):32 – 35.

[119] 林萍. 基于现代农业发展的新型农民培养研究[D/OL]. 福州:福建农林大

学,2009. http://cdmd. cnki. com. cn/Article/CDMD – 10389 –2009170540. htm.

[120] 康凯. 河南省新型农民培养研究[D/OL]. 郑州:河南农业大学,2007. https://cdmd. cnki. com. cn/article/cdmd – 10466 –2007223989. htm.

[121] 胡纯. 基于社区发展的农村劳动力教育培训法律问题研究[D/OL]. 武汉:华中农业大学,2010. http://cdmd. cnki. com. cn/Article/CDMD – 10504 – 1010010277. htm.

[122] 赵西华. 新型农民创业培植研究[D/OL]. 南京:南京农业大学,2005. http://cdmd. cnki. com. cn/Article/CDMD – 10504 – 1010010277. htm.

[123] 常徕. 高等农业院校毕业生农村创业问题研究[D/OL]. 长沙:湖南农业大学, 2009. http://cdmd. cnki. com. cn/Article/CDMD – 10537 – 2010061896. htm.

[124] 卢巧玲. 国外农民教育培训的经验及启示[J]. 成人教育,2007(7):94 –96.

[125] 黄芳. 国外农民培养模式分析及经验启示[J]. 中国农村小康科技,2010 (8):81 –83.

[126] 曾雅丽,李敏,张木明. 国外农民培训模式及对我国新型农民培养的启示[J]. 职业时空,2012(6):76 –77,80.

[127] 陈华宁. 国外农村人力资源开发模式及启示[J]. 国际经济合作,2009 (3):57 –61.

[128] 阚长侠. 太行山区农民科技素质及其科技培训现状与对策——基于14县(市)25 个行政村的实证调查[D/OL]. 保定:河北农业大学,2010. https://cdmd. cnki. com. cn/article/cdmd – 11920 –2010139011. htm.

[129] 冶雅晰. 陕西省农民职业教育模式研究[D/OL]. 咸阳:西北农林科技大学,2010. http://cdmd. cnki. com. cn/Article/CDMD – 10712 –2010149829. htm.

[130] 魏建钢,罗智颖,阮建尧,等. 农村剩余劳动力转移培训存在的问题及对策[J]. 河南农业,2008(1):51,55.

[131] 郑伟. 地方农民职业技能培训及其经济学分析研究[D/OL]. 武汉:华中农业大学, 2009. http://cdmd. cnki. com. cn/Article/CDMD – 10504 –

2010010556. htm.

[132] 马丽娟,周青海.论高等农业教育为社会主义新农村建设服务的途径 [J].吉林农业科技学院学报,2009(3):59－61.

[133] 邓崇超.发挥党员先锋模范作用 引领农业转型升级［J].农村科学实验,2018(10):126,128.

[134] 邓敏.农村信息综合服务平台的构建［J].孝感学院学报,2009(3): 74－77.

[135] 肖红.我国农村信息化的现状及发展对策[J].江西农业学报,2005(4): 140－143.

[136] 郑火国.农业信息服务平台的构建与实现[D/OL].北京:中国农业科学院, 2006. http://cdmd. cnki. com. cn/Article/CDMD－82101－2006110687. htm.

[137] 蒋华.农业科技信息主动服务模式研究[D/OL].南京:南京农业大学, 2010. http://cdmd. cnki. com. cn/Article/CDMD－10307－1012269500. htm.

[138] 郭作玉.关于农村市场信息服务的思考[J].电子政务,2009(4):11－19.

[139] 郭作玉.我国农业信息服务进入新阶段[J].天津农林科技,2006(6): 1－6.

[140] 梁俊芬.我国农业信息资源建设问题分析[J].科技情报开发与经济, 2005(20):99－101.

[141] 赵元凤.国内外农产品市场信息系统的建设和发展[J].农业图书情报学 刊,2003(6):12－17.

[142] 李伟克,林仁惠,李树.美法两国农业市场信息系统建设简介(四)[J].计 算机与农业:综合版,2003(12):26－30.

[143] 邹志明.开化县农业信息化现状与发展对策[J].浙江农业科学,2012 (7):1074－1075.

[144] 贾玉琴.论农村的信息化建设[J].甘肃科技,2004(10):37－38.

[145] 何玉香,刘源.现代农村信息化建设现状分析和发展规划[J].农业网络 信息,2005(3):4－6.

[146] 李洁.我国政府公共信息服务模式研究[D/OL].北京:北京邮电大学,

2010. http://cdmd. cnki. com. cn/Article/CDMD－10013－2010224751. htm.

[147] 万传花. 江西省农产品市场信息服务平台建设研究[D/OL]. 南昌:江西农业大学, 2017. http://cdmd. cnki. com. cn/Article/CDMD－10410－1017272278. htm.

[148] 王维学. 长春汽车产业开发区信息服务平台构建[D/OL]. 天津:天津大学, 2009. http://cdmd. cnki. com. cn/article/cdmd－10056－2010092223. htm.

[149] 王磊. 互联网＋在农业技术推广中的作用与发展前景[J]. 农业与技术, 2019(2):168－169.